NF文庫
ノンフィクション

# WWⅡアメリカ四強戦闘機

卓越した性能と実用性で連合軍を勝利に導いた名機

大内建二

潮書房光人新社

# まえがき

第二次世界大戦が勃発した一九三九年九月当時のアメリカ陸海軍航空は、ようやく複葉戦闘機から単葉戦闘機への転換の時期を終えようとしていた頃であった。そして陸軍航空隊ではカーチスP36戦闘機の初期型の部隊配備が開始されていた。この機体は当時のアメリカ陸海軍では最新鋭の単葉戦闘機だったが、一二〇〇馬力の空冷エンジンを搭載して、最高速力は時速五〇〇キロ、四〇〇〇メートルまでの初期上昇時間は五分を費やすという性能であった。

これに対するドイツ空軍の第一線戦闘機のメッサーシュミットMe109Eは、最高時速五六〇キロ、四六〇〇メートルまでの初期上昇時間は四分四〇秒という格段の性能差を示していたのである。しかもこの戦闘機を七〇〇機も揃えていたのであった。

ロッキードP38やベルP39、あるいはカーチスP40などの戦闘機は、まだ第一線配備も始まっておらず、P38やP39はいまだに試験飛行の最終段階にあったのだ。

アメリカ海軍も大同小異で、艦上戦闘機の主力はまだ複葉のグラマンF3Fで、単葉戦闘機のブリュースターF2Aが採用されたところで、グラマンF4Fも制式採用されたばかりであった。

一方ドイツとの戦争を開始したイギリス空軍の主力戦闘機は、メッサーシュミットMe109よりも性能の劣るホーカー・ハリケーンが主力で、スーパーマリン・スピットファイアはようやく部隊配備が開始されたばかりだった。スピットファイア戦闘機の性能はメッサーシュミットMe109E戦闘機とほぼ互角といえたが、量産が始まったばかりで、イギリス空軍が絶対的な戦闘機戦力を保持するには、今少しの時間が必要であったのである。

イギリス空軍は主力となるスピットファイア戦闘機の戦力充足までの期間、さらに多くの高性能戦闘機を確保するため、その補塡をアメリカに求めたのである。イギリス空軍がアメリカの最新鋭戦闘機であるロッキードP38やベルP39、そしてカーチスP40に託したのは当然の成り行きであったのだ。

しかしその後これらを獲得はしたものの、これらアメリカ戦闘機の性能はとうていドイツ空軍のメッサーシュミットMe109E戦闘機と対等に戦えるものではなかったのだ。

本書で紹介するノースアメリカンP51マスタング戦闘機の歴史はこのような状況の中で始まったのである。

その後の紆余曲折の後、ノースアメリカンP51は第二次大戦における連合軍側の最優秀戦闘機として評価されることになったが、それは一つの提案から始まったといえるのである。

一方、第二次大戦後期から末期にかけて絶大な攻撃力を持つ戦闘機として君臨したのがリパブリックP47サンダーボルト戦闘機である。この機体は単発戦闘機としては破格の重量級戦闘機であり、戦闘機として持つべき軽快な運動性とはおよそ縁のないものであった。しかしアメリカ陸軍が徹底的に固守した排気タービン装備の戦闘機として完成させ、ドイツ戦闘機との高空での空中戦に優位を保ち、しかもその強靭な機体と強武装が戦闘爆撃機としてのカテゴリーを本機によって完全に確立させたのであった。

空母戦闘機隊を眺めると、そこにはいかにもアメリカらしい思考である合理性の中で艦上戦闘機の開発が進められ、しかもその開発の努力には飽くなき忍耐強さが発揮されていたのである。

グラマンF6Fヘルキャットは日本の零式艦上戦闘機とともに第二次大戦を代表する艦上戦闘機であった。この機体はグラマンF4Fの持つ欠点を補完すべく急遽、開発が進められた。ただ不思議なことにこの機体には際立った特徴を見つけることができないながらも、第二次大戦におけるアメリカ海軍最強の艦上戦闘機として評価されているのである。

それはこの機体に求める設計者の頑固なまでの設計思想が確立されていたからと思えるのである。事実本機は高性能戦闘機とはとうてい言い難い戦闘機である。しかし本機が持っていた最大の特徴は、頑丈な機体と敵の攻撃を受けても燃えにくい構造にあった。そして最も本機を特徴づけたのが、その生産量の大きさと、それを支えるだけのパイロットが養成されていたという事実であった。あふれるばかりの大量の頑丈な戦闘機の補充が可能であり、それが日本を圧倒したのであった。

またアメリカ海軍が最新鋭の艦上戦闘機として開発したヴォートF4Uコルセアは、斬新な設計が災いして実用化まで多くの苦難の道を歩んだが、開発陣の本機に示す執念はすさまじく、敵の攻撃に十分に対抗し得る頑丈な機体の戦闘機へと、開発の歩をゆるめなかったのである。

本機もグラマンF6Fとともに頑丈で燃えにくい機体として完成し、地上攻撃には最大の力を発揮する海軍の戦闘攻撃機としての地位を確立したのである。本機はノースアメリカンP51マスタング戦闘機とともに戦後も長い期間にわたり第一線用の機体としてアメリカ海軍に君臨した。

ノースアメリカンP51マスタング、リパブリックP47サンダーボルト、グラマンF6Fヘルキャット、ヴォートF4Uコルセアの各戦闘機は紛れもなく第二次大戦におけるアメリカ最強、世界最強の戦闘機の地位を確保したことに間違いはないようである。

この書ではこれら四機種の戦闘機について、各機体の発達過程と特性と活躍の状況を紹介してゆきたい。

# 『WWⅡアメリカ四強戦闘機』目次

# WWⅡアメリカ四強戦闘機

——卓越した性能と実用性で連合軍を勝利に導いた名機

# ノースアメリカンP51マスタング戦闘機

## 名機マスタング開発の序章

本項を始めるにあたり、あらかじめお断わりいたしたい。ノースアメリカンP51MUSTANGの呼称については、日本では長らく「ムスタング」と呼ばれ、あるいは記されていた。しかしこれは英語のスペルをそのまま読むことから生まれた習慣であると思われる。〝MUSTANG〟のネイティブの発音は日本語で記すとマスタングに近い発音となるので、本書では本機の呼称はあえて「マスタング」で統一することにした。
マスタングとは新大陸西部に〝アメリカ人〟が入植を始めたころに、一部の飼われていた馬が野生化して繁殖し、そこで生まれた馬に与えられた呼称なのである。要するに〝暴れん坊の馬〟という意味である。

マスタング戦闘機の誕生のいきさつには興味深いものがある。本機は本来は第二次世界大戦勃発直後に「イギリスの要請によりノースアメリカン社が急遽、開発を開始し誕生させた、イギリス空軍向けの戦闘機」だったのである。

本機は試作機の完成直後から優れた設計とともに低高度での優秀な性能は評価されていたが、アメリカ製の液冷アリソンエンジンの能力不足から高空性能に劣り、イギリス空軍で採用はされたものの実用性に対し不満が出されていた機体であった。

しかし後にエンジンをイギリスの同じ液冷のロールスロイス製のマーリンエンジンに換装したところ、本機の本来の優れた機体設計と合致し極めて優れた性能を発揮したのである。以後アメリカ陸軍航空隊もこれを採用し、米英の主力戦闘機として第二次大戦のヨーロッパ戦線の空を席巻するとともに、太平洋戦線でも長距離戦闘機として抜群の性能を発揮することになり、本機を評して〝第二次大戦に出現した最優秀戦闘機〟とまでいわれるようになったのであった。

一九三九年九月に第二次大戦が勃発した当時、イギリス空軍が保有していた第一線戦闘機は、ホーカー・ハリケーンと量産が開始されたばかりのスーパーマリン・スピットファイアの二機種であった。しかしハリケーン戦闘機は単葉で最高速力も時速五三〇キロは出せたが、胴体後部は羽布張り構造で近代的戦闘機と呼ぶにはいささかのためらいを示すもので、最新鋭のドイツ空軍のメッサーシュミットＭｅ109戦闘機と互角に戦うには大きな疑問符が付く機体であった。また一方のスピットファイア戦闘機は量産に入ったばかりで、その性能もドイツ戦闘機との戦闘でどのような結果をもたらすかは、まったく不透明な状態であったのだ。

この状況の中でイギリスは、アメリカに対し高性能戦闘機の至急の開発と供給を求めてきたのであった。イギリス空軍はすでにアメリカからカーチスP40戦闘機の供給は受けていたが、イギリスでの試験飛行の結果ではアリソンエンジン付きのその性能は、ドイツ戦闘機と互角に戦うことは難しい機体と評価され、積極的な採用にはいたらなかったのである。

イギリスはこの火急の課題の対策として「航空機調達委員会」を設立し、同委員会は直ちにアメリカを訪問して高性能戦闘機の至急の開発と供給を申し入れてきたのである。そして委員会が第一に新戦闘機開発の応援を求めたのが、新進気鋭の航空機製造会社であるノースアメリカン社であった。

同社は一九二八年に設立され、一九三〇年には早くも独自設計の航空機の開発と生産を開始していた。社長のジェームス・キンデルバーガーは航空機の開発に極めて積極的な人物で、確実な手段で会社運営を進め、すでにGA15連絡機や、GA16練習機という優れた性能の機体を送り出していたのである。また後にアメリカ陸海軍のベストセラー練習機となったAT6テキサンの生産も開始していた。

ノースアメリカン社にはエドガー・シュミードという新進気鋭の優れた航空機設計者がいた。彼はドイツ人のブラジル移民であるが、ブラジルからアメリカに移住しアメリカ国籍を取得、最新の航空工学を学びノースアメリカン社に入社したのであった。彼はその後AT6練習機の設計にも携わり急速に頭角を現わし、同社の主任設計者に昇進していた人物である。

NA73X

キンデルバーガー社長はシュミードにイギリス航空機調達委員会の提案を示し、予想される高性能ドイツ戦闘機を凌駕する戦闘機の開発の可否を相談したところ、彼は「一二〇日以内に最新鋭戦闘機の設計と試作機の完成が可能である」と回答したのだ。まさに破天荒な答えだったのである。

キンデルバーガー社長はこの旨をイギリス側に回答すると同時に、直ちに新型戦闘機の設計・試作の作業を開始したのであった。そして約束どおり一一七日後に試作一号機を完成させたのであった。

なお新戦闘機の至急開発のイギリス側提案に対する他のアメリカ航空機会社の回答は、イギリス側を満足させるような明確なものではなかった。カーチス社は既存のP40戦闘機の改良であり、ロッキード社は実用化間もないP38戦闘機で応えた。そしてリパブリック社は開発の最終段階にあったP47を提示したのであったが、これらの戦闘機はいずれもイギリス側の要求を満たすものでは

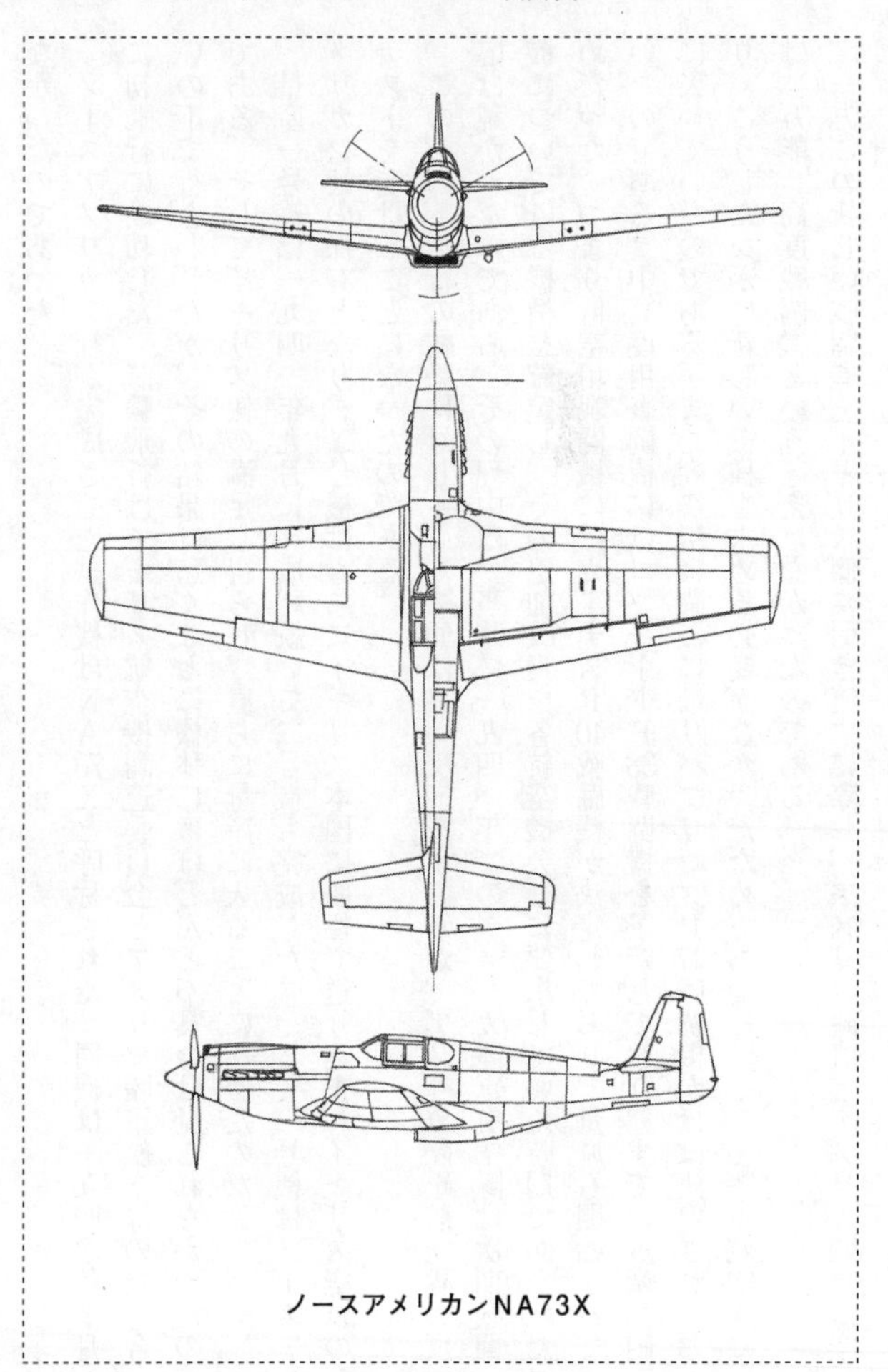

ノースアメリカンNA73X

なかったのであった。

ノースアメリカン社が完成させた試作機はNA73Xと呼称された。同機は一九四〇年十月に初飛行に成功した。試験飛行はイギリス航空機調達委員会とアメリカ陸軍航空隊の立ち合いの下で行なわれたが、その結果は驚くことに機体にはほとんど不具合は見られなかったのである。そしてイギリス側の満足も得られ、直ちに量産に入ることになったのだ。

量産一号機は一九四一年九月に完成、続いて二号機も完成した。そして一号機はノースアメリカン社の保有となり、二号機は直ちにイギリス本国に船便で送り込まれイギリス空軍のテストを受けることになったのである。

このテスト飛行の結果に対しイギリス側は良い反応を示したが、アメリカ陸軍航空隊の反応は鈍かったのである。その理由は、当時（一九四一年）のアメリカ陸軍航空隊は次期戦闘機についてほぼ機種を確定し、その追加改良を各航空機会社に要求していた時期であったためだった。つまり低空用戦闘機にはカーチスP40戦闘機が決定しており、量産も開始されていたのである。中高度用戦闘機にはロッキードP38戦闘機を予定しており、すでに量産体制に入っていたのである。また高空用戦闘機にはリパブリックP47戦闘機がほぼ決定されており、こうしたなかに新しい機種を求める必要がなかったためであった。そして陸軍航空隊には「万能」高度戦闘機という考えはなかったのである。

一方この新しい戦闘機をイギリス側に引き渡すに際し、アメリカ政府とアメリカ陸軍航空隊との間で一つの取り決めが定められていた。それは新たに開発されたこの戦闘機は、少なくとも試作機一機がアメリカ陸軍航空隊に無償で引き渡されること、またイギリス向けに量産された機体の二機も無償で陸軍航空隊に引き渡されること、となっていたのである。

この約束にしたがいアメリカ陸軍航空隊は試作機のNA73X一機を受領したが、規定によってこの機体にはアメリカ陸軍航空隊としての呼称を付ける必要があったのである。そこでつけられた呼称が「XP51」（実質はNA73X）であった。

このように後の第二次大戦最高の傑作戦闘機といわれた「P51マスタング」のスタートは極めて芳しくない状況下で始まったのであった。

（注）P51マスタングは後にF51マスタングと呼称の変更が行なわれたが、これはアメリカ陸軍航空隊では設立当初から戦闘機を示す記号は「追撃機」を表わす「Pursuit Aircraft」の頭文字「P」で表わされていたが、戦後の一九四七年に陸軍航空隊の組織の拡大にともないアメリカ空軍に改組されると同時に、戦闘機の呼称も「Fighter Aircraft」と変更され、それにともない戦闘機の呼称記号も「F」に変更されたためであった。

## NA73からA36まで

ノースアメリカンP51、つまりノースアメリカンNA73の外形は、機首部分や胴体下のラジェーターに多少の違いはあるものの、その平面形状や側面形状は後のB型やC型とほとんど変わるところはなく、しかも内部の骨組みや装備の配置にも大きな違いはなかった。武装は機首のエンジン前端下部の両側に二梃の一二・七ミリ機関銃を装備し、他は主翼に二梃の一二・七ミリ機関銃と四梃の七・七ミリ機関銃を装備していた。そしてエンジンはアリソンV1710－39(液冷V一二気筒)が搭載され、プロペラはカーチス社製の三枚ブレードが装備されていた。

試験飛行において本機は高度四〇〇〇メートル以下での最高時速六一二キロを記録し、同じく三〇〇〇メートル以下での運動性能は同時期にアメリカ陸軍航空隊に採用あるいは試験飛行を続行中の機体に比較して、抜きんでた性能を示したのであった。

しかし高度が三〇〇〇メートル以上になるとこれらの性能は急激に低下し、高度四〇〇〇メートルを超えるとその性能はスピットファイア戦闘機よりいちじるしく劣ることが判明したのである。この違いはエンジンの性能に直接起因するものであった。

飛行高度が上がるにつれて空気は希薄になり、それだけ単位体積あたりの酸素濃度が減少する。したがってピストンで圧縮される空気が含む酸素濃度も低下を始め、燃料を噴射し圧縮された空気を爆発させたときの圧力も減少するのである。つまり高度が上がるにしたがいエンジン出力は落ちてくることになるのだ。

アリソンエンジンには飛行高度が上がると必然的に起きる、この酸素濃度の減少に即応するエンジン過給機に関わる十分な対策が施されていなかったのである。つまりエンジン過給機は既存の方式である一段一速式過給機が標準装備されていたのであった。

航空機用エンジンメーカーである当時のアリソン社は、ジェネラル・モーターズ社のベンチャー部門の一つといえる企業で、その技術力や作業能力から、機械式ではあるが高性能過給機ともいえる二段二速式の開発には手が回らない状態にあり、製造される最新型航空機用エンジンもその機能は最新とはいえないものとなっていたのである。

これには別の背景があったのだ。アメリカ陸軍航空隊は高性能過給機に関してまったく無関心であったわけではなく、一九一七年頃からジェネラル・エレクトリック社の協力を得て、高空用航空機エンジンの過給機の開発を始めていたのだ。その方式はエンジンの排気ガスを活用した排気タービン方式の高性能過給機の開発であった。そのために機械式の二段二速式の過給機には無関心であったのである。

イギリスに送り込まれた試作機のＮＡ73はエンジンに関わる問題は存在したものの、中高度以下での高性能が評価され、低高度用の実戦向け戦闘機として本機は直ちに量産されることになったのである。この量産型のＮＡ73はイギリス空軍から新たに「マスタングＭｋ1」の呼称を得て、直ちに六二〇機が生産されイギリスに送り込まれることになった。

この頃（一九四二年初頭）のイギリスはバトル・オブ・ブリテンもすでに遠く過ぎ去り、スピットファイアＭｋ2やＭｋ5戦闘機がドーバー海峡を渡り、フランスやベルギー国内上空へ侵攻し、ドイツ空軍戦闘機との空戦や地上攻撃を展開していた。

(注) 但しスピットファイア戦闘機の行動半径は極端に短く、大陸上空とはいっても、海岸線から一〇〇キロ以内に限られていた。

新型戦闘機ノースアメリカン・マスタングMk1は、最高時速五九〇キロのスピットファイアMk5戦闘機より高速であり、また同戦闘機より航続距離が格段に大きくなっているためにフランスやベルギーの内陸深く(海岸線から二〇〇キロ前後)まで侵入し、地上攻撃や戦術偵察に活用されることになった。そしてこの実績、とくに地上攻撃機としての優れた飛行性能から、イギリス空軍はノースアメリカン社に対しマスタングMk1の武装強化型の製造を依頼したのである。

イギリス空軍が要求した武装強化の内容は、これまでの機首と主翼のすべての機銃を撤去し、主翼に新たに四門の二〇ミリ機関砲を搭載することであった。そしてこのタイプは「マスタング1A」と呼称することになり、合計一五〇機の注文が出されたのであった。

この結果にアメリカ陸軍航空隊は興味を示し、イギリス向けに生産された一五〇機のうちの七五機を引き取り、本機を「P51」の呼称の下に採用し、後にその一部は戦術偵察機F6-Aとして運用するとともに、地上攻撃機ノースアメリカンA36としても採用することになった。

アメリカ陸軍航空隊はこの頃になりイギリス空軍用のマスタングＭｋ１（米軍呼称Ｐ51を含む）に興味を示し始め、イギリス空軍向けのマスタング１Ａと同じ機体一五〇機を別途ノースアメリカン社に生産要求したのである。そしてこの機体は「Ｐ51Ａ」と呼称されることになったのである。

（注）アメリカ陸軍航空隊はこの機体を地上攻撃機として運用する予定で愛称もマスタングではなく「アパッチ」とした。そして一部の機体の武装は二〇ミリ機関砲四門装備となっていた。一九四三年にビルマ戦線にＰ51が登場したとき、日本軍はこの機体を「敵新鋭機アパッチ出現」と報じている。一九四三年末期以降のビルマ戦線には、後述するようにＰ51Ｃ、Ｂ型が登場しており、アパッチとＣ型やＢ型との区分が明確ではなかったのだ。

このＰ51Ａの後期生産型はエンジン出力を一〇〇馬力強化した最大出力一二〇〇馬力のアリソンＶ１７１０－81を装備したために、高度三〇〇〇メートルでの最高時速は六三三キロを確保している。そしてこのタイプはイギリス空軍にも少数がわたり「マスタング２」の呼称が与えられた。

なおこのＰ51Ａでは両主翼にハードポイントが設置され、主翼下に燃料タンクの搭載が可能になった。このためにＰ51の航続距離は最大三七八〇キロに達し、アメリカ陸軍航空隊を喜ばせると同時に、本機に目を向け始めるきっかけともなったのである。

上からマスタングMk1、A36、P51A

## 25　ノースアメリカンP 51マスタング戦闘機

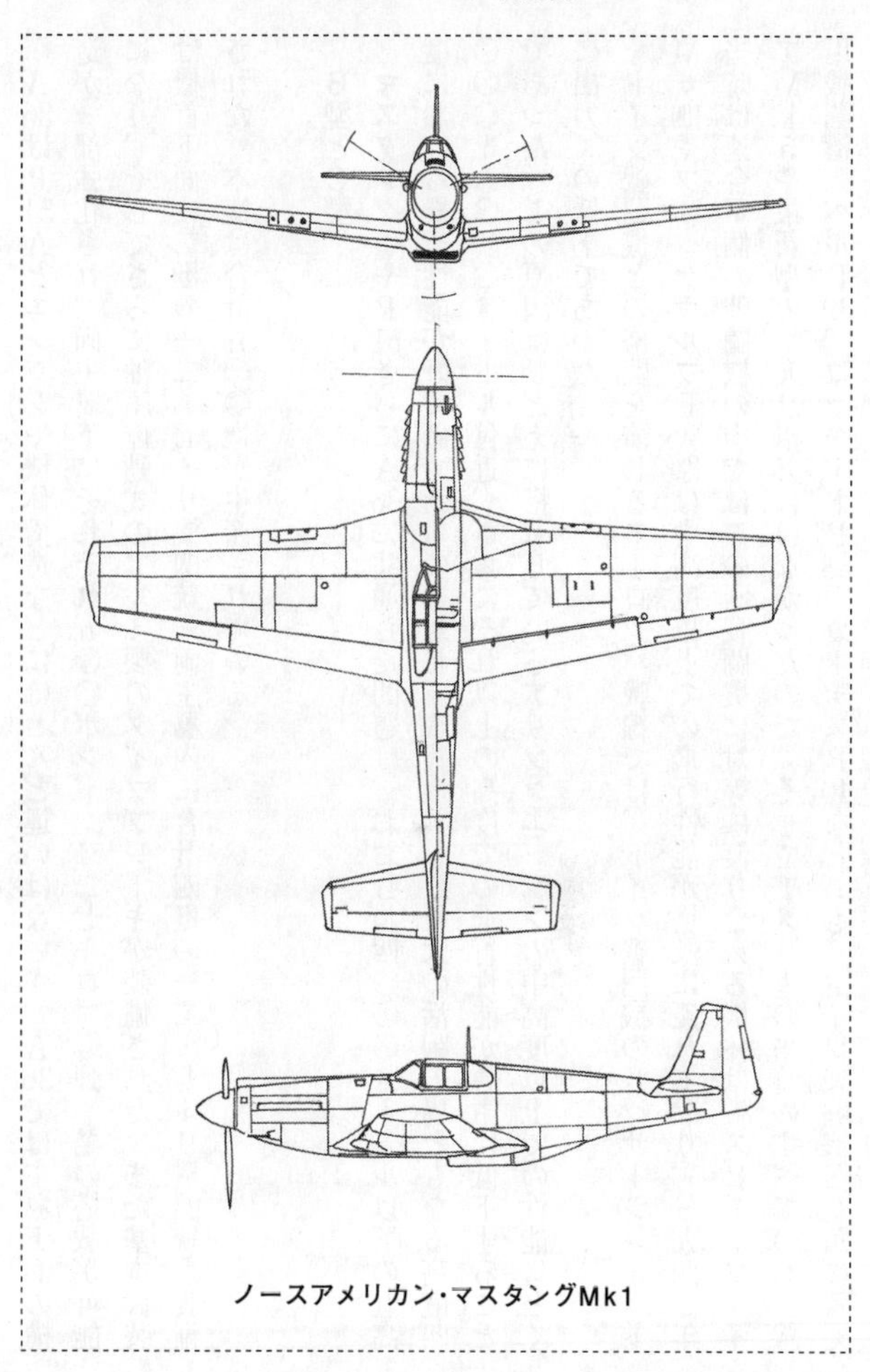

ノースアメリカン・マスタングMk1

A36はP51Aとエンジンや機体構造などにほとんど違いはないが、A36では主翼下面の構造が一部強化され、両主翼下にそれぞれ五〇〇ポンド（二二七キロ）爆弾一発の搭載が可能になり、そしてさらに油圧作動式のアルミ製のダイブブレーキが装備された。また基本武装は機首下面に二梃の一二・七ミリ機関銃、両主翼内に合計四梃の一二・七ミリ機関銃が装備された。本機は合計五〇〇機が生産されている。

B型とC型

マスタング1やP51さらにA36に共通した問題は、おおむね四〇〇〇メートル以下の低高度における飛行性能が好評価であるのに対し、戦闘機として最大の活躍の場ともなる高度四〇〇〇〜六〇〇〇メートル付近、さらにそれ以上の高度での飛行性能が急激に低下することであった。この原因はひとえに搭載しているアリソンエンジンの中高度以上での性能（とくに出力）の低下であった。

ドイツ戦闘機との格闘を演じるヨーロッパ戦線では、ドイツ戦闘機のメッサーシュミットMe109やフォッケウルフFw190は中高度以上での飛行性能が格段に優れており、一九四二年当時は連合軍側の戦闘機の中ではこの両戦闘機に対等に渡り合える機体は、スピットファイアMk5や最新型のMk9以外にはなかったのだ。そしてアメリカの当時のすべての第一線用戦闘機（ベルP39、ロッキードP38、カーチスP40など）も、ドイツ戦闘機と互角に戦える機体はなかったのである。

機体設計とその低高度での性能に大きな関心を抱いていたイギリス空軍は、一九四二年八月に「マスタング１」のエンジンを、スピットファイアＭｋ９戦闘機に搭載しているロールスロイス・マーリン61エンジン（最大出力一五二〇馬力）に換装する試験を行なったのだ。ロールスロイス・マーリン61エンジンには、機械式の二段二速式過給機が装備されており、中高度から高高度でのエンジン出力の低下の大幅な改善に効果を示し、スピットファイア戦闘機の中高度以上での高性能発揮に大きく寄与していたのである。

エンジンを換装した「マスタング１」の飛行試験は一九四二年八月に実施されたが、その結果は驚くべきものとなった。同機の最大の問題であった中高度での飛行性能が飛躍的に改善されたのである。とくに高度六〇〇〇メートルでの最高時速は七一〇キロにも達し、高度ゼロから高度六〇〇〇メートルまでの上昇時間は九分六秒から五分五四秒へ、つまり三分一二秒という大幅な短縮改善を示したのであった。

この結果は直ちにアメリカ陸軍航空隊に報告され、驚喜した同航空隊はノースアメリカン社に対し、ただちにロールスロイス・マーリンエンジンを搭載したＰ51戦闘機の大量生産を命じたのである。

しかしここに問題が生じたのであった。当時イギリスのロールスロイス社はマーリン系エンジンの生産の極限に達しており、大量生産が予定されたＰ51用のマーリンエンジンを生産する余力がまったくなかったのである。マーリン系エンジンは当時イギリス空軍のアヴロ・ランカスター四発重爆撃機や高速多用途機（夜間戦闘機、高速軽爆撃機、高速偵察機など）モスキートなどのエンジンとしても採用されており、量産の限界にあったのである。

そこでアメリカはロールスロイス社からマーリン61エンジンの製造権を取得し、これをアメリカの主要自動車製造会社であるパッカード社で生産させるという手段に出たのであった。ロールスロイス社で生産されるマーリンエンジンも、パッカード社で生産されるマーリンエンジンもまったく同じ規格と性能を有するものとなったのである。そしてアメリカで生産されるマーリンエンジンはパッカード・マーリンエンジンと命名されることになったのだ。ただし両社の生産するマーリンエンジンには若干の違いが生じた。それはアメリカ工業規格にしたがって工作されるために、エンジン取り付け用のボルト位置や寸法にロールスロイス製エンジンとは若干の違いが生じることになったのである。

パッカード・マーリンエンジンの生産は一九四三年十月以降から供給が始まっていたが、この頃一方のイギリスではロールスロイス社エンジンの大量の需要に追いつくことができず、ついに一九四四年に入り量産が続くスピットファイアＭｋ９戦闘機用のマーリンエンジンをパッカード社製のエンジンで補う計画、つまりマーリンエンジンの逆輸入が実行に移されることになったのだ。

しかしパッカード・マーリンエンジンの機体への取り付け規格の違いから、性能はまったく同じながらパッカード・マーリンエンジンを搭載したスピットファイアＭｋ９戦闘機は、その型式呼称がスピットファイアＭｋ16に変更されるという、やむを得ないおまけがつくことになったのである。

マーリンエンジンを搭載したＰ51Ａ戦闘機は基本構造や形状には変化はなかったが、エンジンの寸法の違い（全長の延長）やエンジン出力の上昇などから機首の形状と胴体下部のラジエーターの形状が変更された。

機首は若干延長され、それまで機首の上面に配置されていた気化器への空気取入口が大型化され機首下面に移された。またこれにより機首下面の二梃の一二・七ミリ機関銃は撤去され主翼に移された。また胴体下面のラジエーターもやや後部に移動し大型化された。

エンジン出力のアップにともないプロペラもそれまでの三枚ブレードから四枚ブレードに換装され、武装は左右の主翼にそれぞれ一二・七ミリ機関銃二梃が追加され、一二・七ミリ機関銃四梃装備となった（後に六梃に強化）。

エンジンをマーリン61エンジンに換装したＰ51戦闘機はＰ51Ｂ型と呼称されることになった。そしてただちに大量生産の命令が下されたのである。

Ｐ51Ａ型とＰ51Ｂ型の基本的な性能の違いはつぎのとおりであった

エンジン型式　　Ｐ51Ａ　アリソンＶ１７１０－81（液冷Ｖ一二気筒）

離昇出力　P51B　パッカード・マーリンV1650－3（液冷V一二気筒）

P51A　一四七〇馬力

最高時速　P51B　一五九五馬力

P51A　六二八キロ

実用上昇限度　P51B　七〇七キロ

P51A　一万六九八メートル

上昇力　P51B　一万二七四〇メートル

P51A　七六二〇メートル／一二分七秒

P51B　九一四〇メートル／一二分

P51B型の格段の性能向上が証明されている。そしてB型のもう一つの大きな特徴は航続距離の格段の伸長であった。これはスピットファイア戦闘機やアメリカの当時のどの単発戦闘機をも大きく凌駕する数字であったのである。

P51Aの行動半径も当時のどの単発戦闘機よりも長かったが、B型はそれをさらに上回ったのである。つまりA型の一二〇〇キロに対し一六〇〇キロという大幅なものであった。つまりそれまで不可能だった連合軍爆撃機のドイツ国内のいかなる場所への爆撃作戦に対しても、全行程の援護が可能になったのである。それまでドイツ戦闘機による多大な損害を受けていた爆撃作戦には、格別な福音となったのであった。

ノースアメリカン社に対するＰ51Ｂの二二〇〇機の発注が一九四二年十一月に行なわれた。しかし大量生産を行なう工場の整備や準備のために実際の量産は遅れ、Ｂ型が実戦部隊に供給され訓練に入ったのは一九四三年後半となった。

Ｐ51Ｂの量産はノースアメリカン社の拡張されたテキサス州ダラス工場とイングルウッド工場で開始された。しかし両工場で生産されたＰ51Ｂには、それぞれ装備品などで若干の違いが生じることになった。このためにダラス工場で生産された機体はそのままＰ51Ｂと呼称されたが、イングルウッド工場で生産された機体は便宜上Ｐ51Ｃと呼称されることになったである。

Ｐ51戦闘機にはＢ型とＣ型という別仕様の機体が存在するように思われがちであるが、実際にはＢ型とＣ型とはまったく同じ機体で、生産工場が違うだけなのである。なおＢ型の総生産数は一九八八機で、Ｃ型の総生産数は一七五〇機であった。つまりＰ51Ｂ型の合計生産数は三七三八機といえるのである。

なおアメリカ陸軍航空隊ではＢ型の採用によりＰ51の呼称は、「Ｐ51Ｂマスタング」「Ｐ51Ｃマスタング」と呼ばれることになった。

Ｐ51Ｂ型およびＣ型マスタングの実戦配備は一九四三年十月からで、イギリス本国へ送り込まれ、訓練の後の最初の出撃は同年十二月一日であった。

機体の実戦配備が始まった頃からパイロットの間では同機の操縦席の視界が問題になりだした。両型式の機体は液冷式戦闘機特有のレイザーバック式に設計されたコックピットであるために、操縦席直後の視界は胴体で隠され、戦闘機として不可欠な後方視界を十分に確保することが難しかった。これはパイロットにとっては生死にかかわる問題でもあり、現地部隊からは何らかの解決策が求められたのである。

この問題はマスタング戦闘機に限られた問題ではなく、各国の液冷エンジン式戦闘機に共通した問題でもあった。液冷エンジン式戦闘機の場合、機体の空気抵抗の減少を期待することからコックピット後方の形状をレイザーバック式にする場合が多い。例えば日本の三式戦闘機、アメリカのカーチスP40戦闘機、イギリスのホーカー・ハリケーン戦闘機、ソ連のMiG3戦闘機、ドイツのメッサーシュミットMe109戦闘機等々である。

P51のこの後方視界不良に対する応急の解決策として施されたのが、平滑な現状のコックピットのフードに膨らみを持たせたタイプに交換し、左右および後方の視界確保にある程度の改善を施す方法であった。このタイプのフードは同じレイザーバック式構造であるスピットファイア5型や9型ですでにその効果は実証ずみであり、早速スピットファイア型フードをB型とC型の平滑なフードと交換することにしたのである。

これらのフードはイギリスのマルコム社で製造されており、P51のコックピットの寸法に合わせた半バブル形のマルコム社製のフードが急遽製作され、現地の基地で比較的簡単な手

# 33　ノースアメリカンP 51マスタング戦闘機

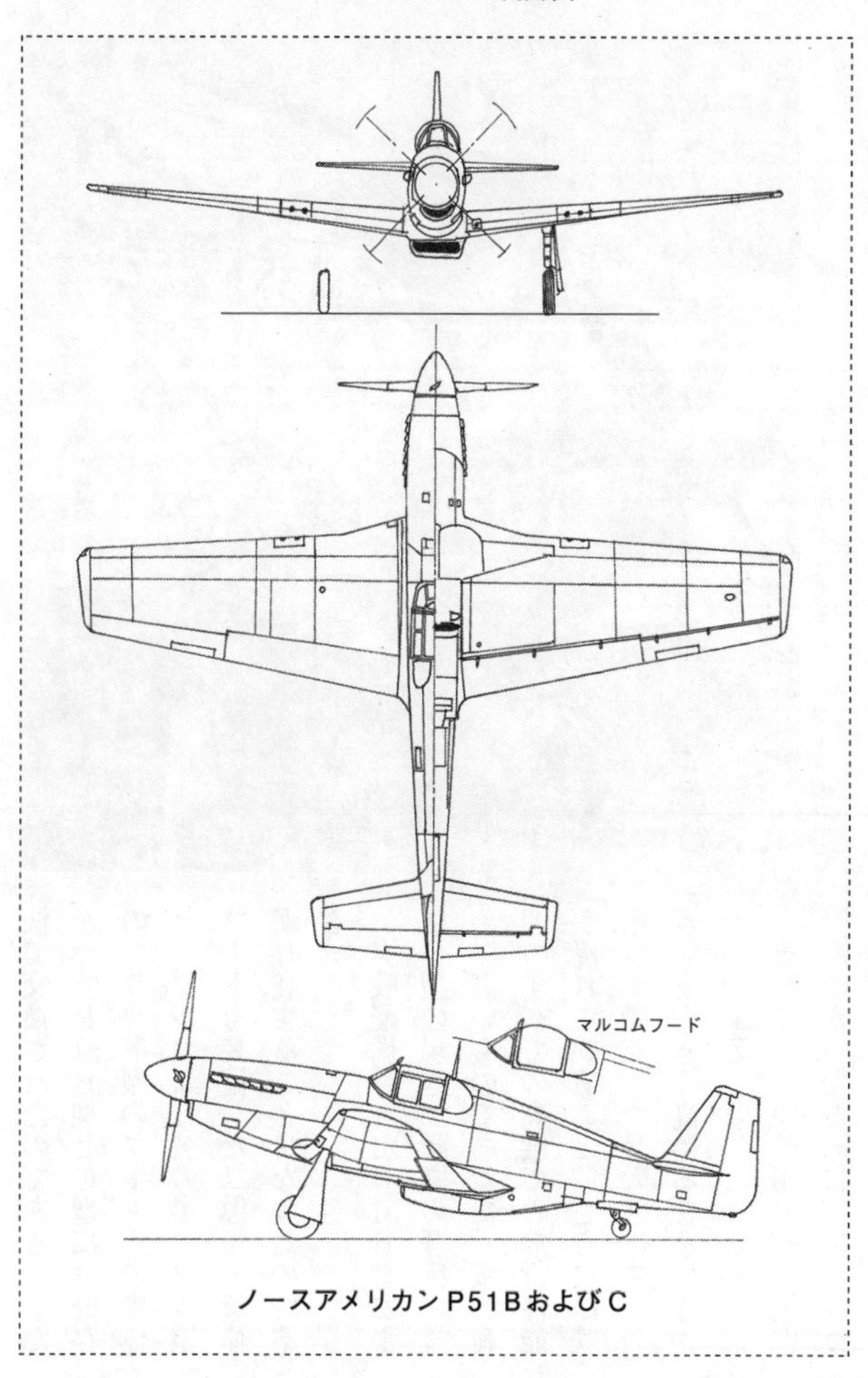


ノースアメリカンP51BおよびC

（上）P51C、（下）マルコムフードのP51C

法で交換されたのである。したがってP51B型とC型には既存のフラット型のフード式の機体と、マルコム社製の半バブル型フードを装備した二種類の機体が存在することになったのである。

実戦配備されたP51B型およびC型の現地部隊での評価は極めて高いものであった。戦闘範囲のすべての高度での飛行性能が優れていること、さらに航続距離の際立った長大さは本機の評価を大きく高めることになったのである。

それまで長距離用の援護戦闘機がなかったために、アメリカ陸軍航空隊が辛酸をなめ尽くしたドイツ国内のシュヴァインフルトやレーゲンスブルク爆撃の悲劇は、確実に回避できる可能性が高まったのである。場合によっては今後展開されるであろうベルリンに対する爆撃行動の際の、全行程の援護戦闘機としての運用も可能になるのである。

名戦闘機「マスタング」の伝説は、まさに瓢箪から駒のように誕生したB型とC型によって確立されたといっても過言ではなさそうである。

なおＰ51B型とC型はイギリス空軍に送り込まれたが、その数はB型が二五〇機、C型が六三七機の合計八八七機に達した。そしてこの両機を二八個戦闘機飛行中隊（定数合計六七二機）で運用したのだ。

さらにB型とC型は一九四三年末頃にはアジアのビルマ戦線のアメリカ陸軍航空隊にも送り込まれ、その後、中国戦線にも渡ったのである。

なおB型とC型をイギリス空軍ではマスタング3と呼称した。

D型からH型まで

画期的な性能改善を実現したB型およびC型はヨーロッパ戦線に送り込まれ、その優れた格闘性能と長大な航続距離は好評で迎えられた。しかしこのB型とC型が持つ唯一の欠点は操縦席からの後方視界確保の不良であった。またB型とC型の基本武装である両主翼の合計四梃の一二・七ミリ機関銃に対しては、攻撃力不足と指摘されたのである。この火力の不足に対しては、両タイプの機体の主翼の武装を一二・七ミリ六梃に強化したB型とC型が急遽生産され、現地部隊では好評であった。

ノースアメリカン社は本機体の後方視界の改善策の一つとして、一九四三年末にB型の後部胴体の背中を切り欠き、イギリス空軍のホーカー・タイフーン戦闘機に採用され始めた水滴型風防（バブルキャノピー）の取り付け試験を行なったのだ。その結果、本機の視界不良問題は一気に解決されることになり、ノースアメリカン社はさらなる量産機の風防はすべて水滴型風防に換装することに決定した。

改造の要領は機体後部背面の形状を変更し風防を新しい水滴型風防に交換するだけで、生産ラインの大きな混乱を招くものではなかった。またこの改造と同時に武装の強化も実行し、既存の片翼一二・七ミリ機関銃二梃搭載を三梃に変更したのである。この改造はすでに一部のB型やC型で実施されていたために容易であった。これにより一二・七ミリ機関銃の携行弾数は一八〇〇発に達することになった。

この新しいタイプのP51戦闘機はD型と呼称されることになった。P51の生産はただちにD型に切り換えられ、実戦部隊に配備された。そして後方視界の改善は画期的ですべての搭乗員から歓迎されたが、唯一の欠点が指摘されたのである。それは水滴型風防を装備しその後方の胴体上部を切り欠いたために、風防により胴体後部上方に渦流が発生し若干の抵抗増加となり、多少の速力低下と直進性能の低下を招いたのである。

これを改善するために、その後生産されるＤ型では垂直尾翼から胴体後部背面にかけて整流用の背びれを配置することにしたが、これにより飛行性能は完全に改善されることになった。

Ｐ51Ｄ型はイギリス空軍にも二八〇機が送り込まれたが、イギリス空軍はこの機体をマスタング４と呼称した。

なおＤ型への改良に際しエンジンの換装も行なっている。Ｂ型およびＣ型のエンジンにはパッカード・マーリンＶ１６５０－３型エンジンが搭載されていたが、Ｄ型では武装強化などで多少の機体重量の増加があったために、これに対応するために二段二速過給機の効率向上による出力増加を目的に、二段二速過給機のギア比を変更し、空気吸入力を増加させたＶ１６５０－７エンジンに交換したのである。その結果、飛行性能はＢ型およびＣ型と同等またはそれ以上に向上することになった。

視界と性能の改善が実施されたＤ型に対する第一戦戦闘機部隊の評価は極めて好評であった。そしてＤ型は両工場で合計七九五六機が生産されることになったのだ。なおＤ型については両工場の生産機に対する呼称の区別はなかった。

しかしここでこの大量生産のために問題が生じたのである。それは装備するハミルトン製のプロペラの供給不足であった。そこで急遽採用されたのがエアロプロダクト製の同じ四枚

(上)P51D初期型、(下)同後期型

ブレードのプロペラで、このプロペラを装備したD型はダラス工場で生産されることになり、エアロプロダクト製プロペラを装備したD型は新たにK型と呼ばれることになったのである。

両プロペラの違いは外観から容易に区別ができた。ハミルトン製のプロペラは各プロペラブレードの根元の幅が広くなっているのに対し、エアロプロダクト製のプロペラはプロペラブレードの根元が細くなっていたのである。両プロペラの違いによってD型とK型は

39　ノースアメリカンＰ51マスタング戦闘機

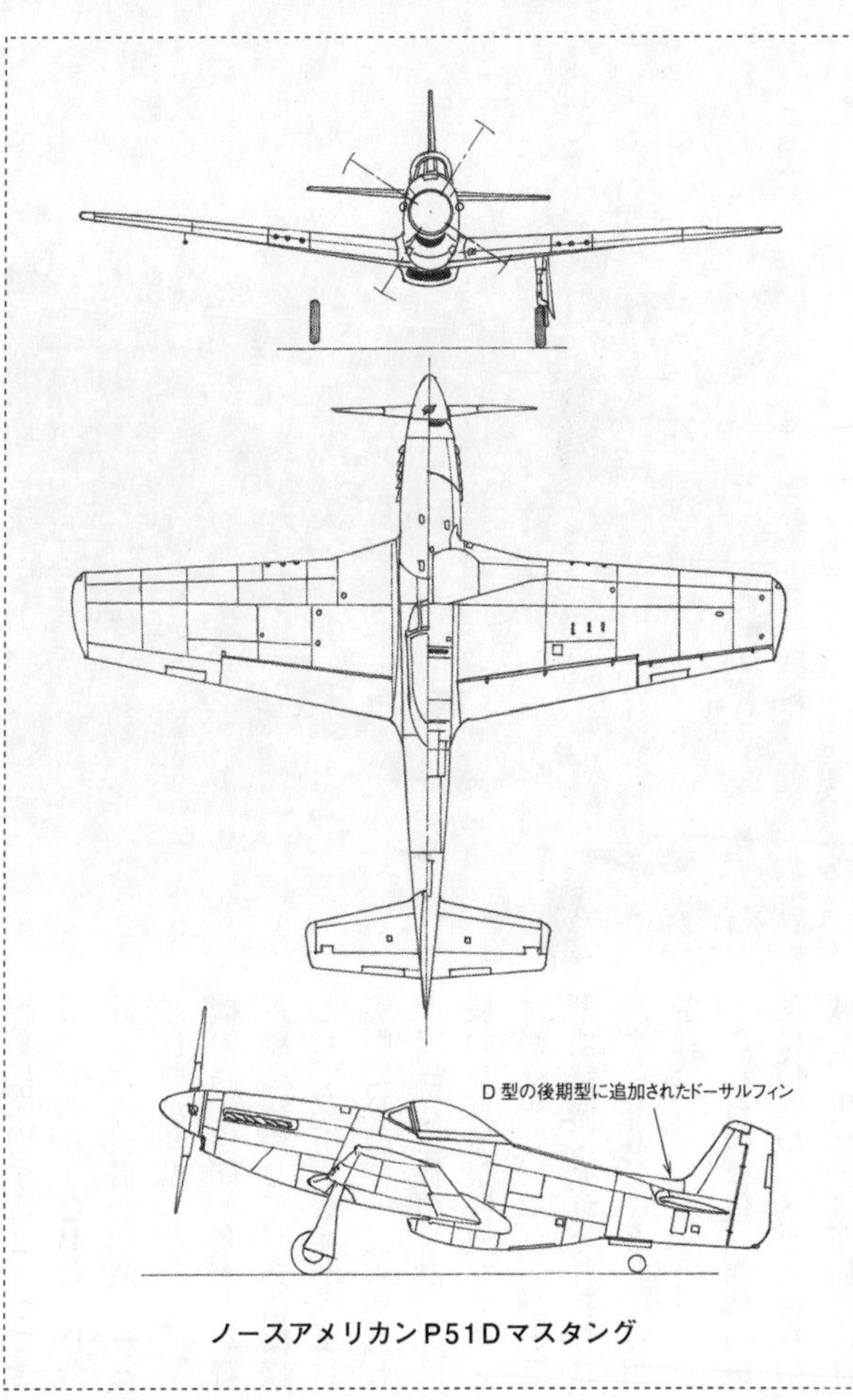


ノースアメリカンP51Dマスタング

出撃準備中のP51Dと編隊飛行中の同機

容易に区別することができるのである。なおK型は合計一六六三機が生産された。

D型が登場したとき、本機の高速性能と長大な航続距離を活かして写真偵察機として運用する案が生まれ、実際にD型で一三六機、K型で一六三機の合計二九九機の写真偵察機型マスタングが誕生し、これらはF6型偵察機（それぞれF6DおよびF6K）として運用された。

これらの機体は胴体の後部に偵察用カメラ一台を搭載し、胴体後部左側に直径約三〇センチの丸窓が設けられ、ここを通して傾斜写真を撮影するようになっていた。なお各機ともに武装は戦闘機型と同じく一二・七ミリ機関銃六梃を装備し、実質的には戦闘・写真偵察機といえる機体であった。

結果的にはＤ型（Ｋ型およびＤ／Ｋ型写真偵察機を含む）の総生産数は九九〇〇機を超え、Ｂ型およびＣ型を含むとＰ51マスタングの生産数は優に一万三〇〇〇機を超えることになったのである。

傑作戦闘機Ｄ型を出現させたと同時に、主任設計者のエドガー・シュミードはより優れたＰ51の開発をめざした。その基本構想は機体の軽量化による高性能化であった。このアイディアはシュミード自身が一九四三年にイギリスに渡り、スピットファイア戦闘機や鹵獲されたドイツ戦闘機（フォッケウルフＦｗ190Ａやメッサーシュミット Ｍｅ109Ｇ型）の調査を行なったからである。

この調査を参考に、彼は三種類の軽量型マスタングを新たに設計したのだ。そして実戦向け軽量型マスタングＨ型を試作し、これの量産が開始されたのである。ここで三種類試作された軽量型マスタングと最終量産型の軽量マスタングについて説明を加えたい。

軽量型マスタングの試作にあたり考慮されたのがＤ型で、本機を基準にして構造や外観に施された軽量化対策、そしてそれに適合したエンジンの選定と搭載が行なわれたのである。

第一の対策は既存のＤ型の基本構造の軽量化、そしてリファイン化である。まずコックピットのフードが空気抵抗の少ない長めのタイプに変更され、比較的大型であった主車輪の直径を縮小し小型化を図った。このために主車輪の小型化にともない主翼への車輪引き込み収容面積が縮小し、B型、C型、D型の主翼平面型で特徴的だった主翼付け根の張り出しがなくなり、主翼平面がすっきりした直線に変更されたのである。また空気抵抗の減少も考慮し胴体下面のラジエーターの後方が延長され、胴体下がスマートにリファインされたのである。

軽量化型の試作機は三種類が試作されたが、すべて搭載エンジンが異なっていた。試作機はF型、G型、J型とされたが、最初に完成したのがXP51F型と呼称された。完成したのは一九四四年二月で、搭載されたエンジンはアリソン社が新たに開発した二段二速過給機付きで、最大出力一六五〇馬力を引き出すアリソンV－1650－7エンジンであった。この機体は三機が試作された。二機目の試作機は同じ機体に新たに開発された二段二速過給機付きで、最大出力一六七五馬力のロールスロイス・マーリンRM・14SMエンジンで二機が試作され、XP51G型と呼称された。

重量軽減の努力によりXP51F型の自重はD型より約一トンも軽量化され二二五六キロとなった。またG型もエンジンの重量の増加によりF型より多少増加はあったものの、自重はやはりD型よりも八〇〇キロも軽量化されたのである。

なおG型の一機にはエアロプロダクト製の新しい五枚ブレードのプロペラが装着されたが、振動の発生などから後に撤去されている。

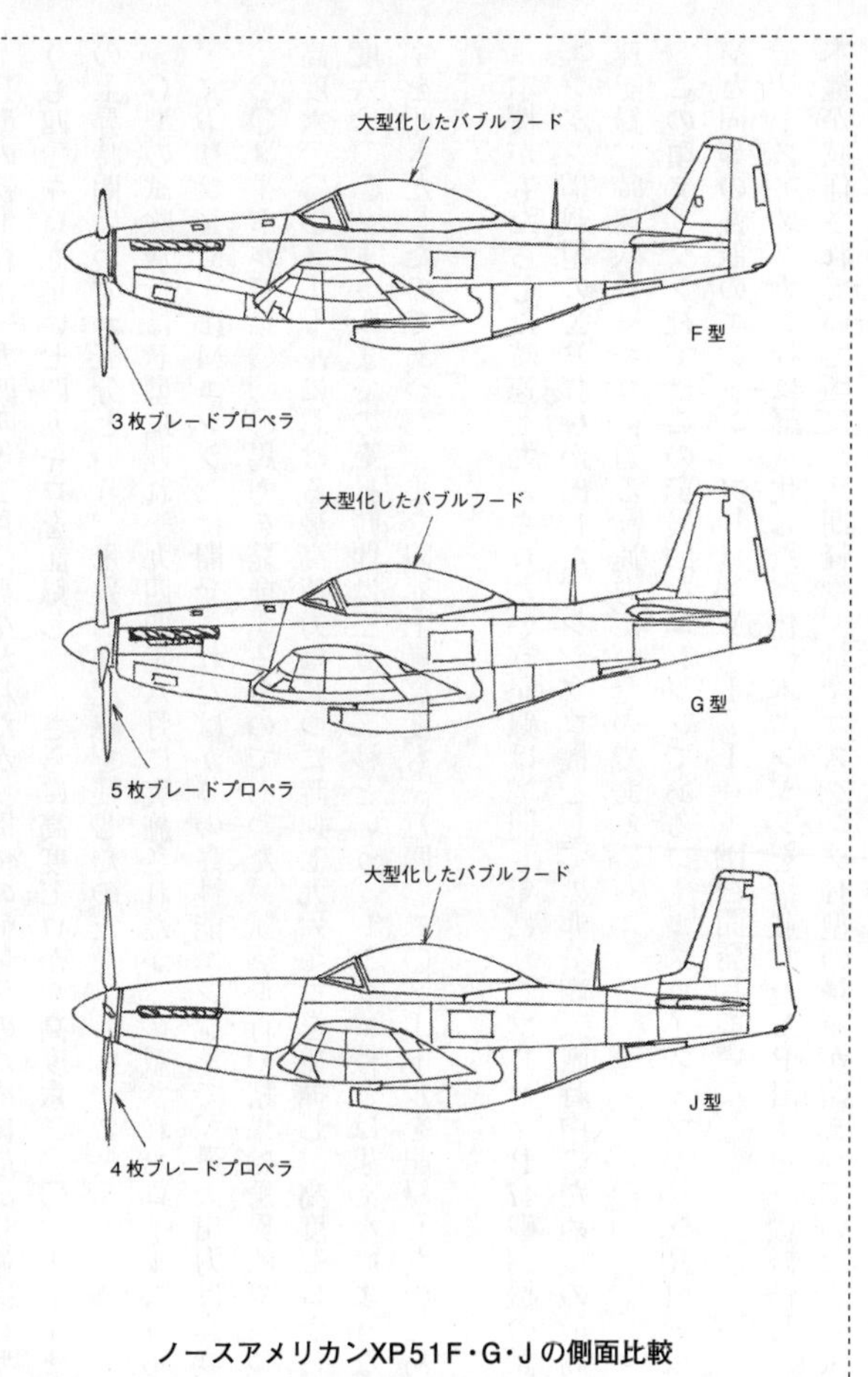


ノースアメリカンXP51F・G・Jの側面比較

F型の初飛行は一九四四年二月に行なわれたが、機体の軽量化のために最高時速はD型よりも四〇キロも早い七四九キロを記録した。さらに高度ゼロから高度六〇〇〇メートルまでの上昇時間はわずか五分という、驚異的な記録を残したのだ。

G型の試験飛行はF型に遅れ一九四四年八月に実施されたが、搭載されたロールスロイス・マーリンRM・145Mエンジンは開発されたばかりの高性能エンジンで、最大出力は高度六〇〇〇メートルで二〇〇〇馬力を発揮するものであった。試験飛行の結果は驚異的であった。高度六〇〇〇メートルにおける最高速力はじつに時速七九六キロを発揮し、高度ゼロから高度六〇〇〇メートルまでの上昇時間は三分一二秒という、レシプロ機とは思えないような数字を叩きだしたのであった。また限界上昇高度も一万四〇二〇メートルを記録したのであった。

本機がもたらした時速七九六キロという記録は、同じ年にリパブリックP47戦闘機の試作エンジン搭載型のXP47Gが出した、レシプロ機としての非公認（戦時中のため）の最高時速記録、時速八一一キロに迫る高速力だったのである。

この頃アリソン社ではこの驚異的なエンジンであるロールスロイス・マーリンRM・14SMと同等の性能のエンジン、アリソンV－1710－119を開発していた。

ノースアメリカン社は軽量化した機体に本エンジンを搭載したXP51Jを一機試作した。本機が試作されていた頃には次期軽量型量産マスタングH型の量産が始まっていたが、試験的に実施されたのである。この試験飛行は一九四五年四月に行なわれたが、このエンジンは高度六〇〇〇メートルで一七二〇馬力を発揮、高度六〇〇〇メートルにおける最高時速七八〇キロを記録し、上昇限度も一万三三二〇メートルに達した。

結果的には次期量産型マスタングの設計にはF型とG型が参考にされ、次なる量産型マスタングH型が生産に入ることになったのであった。

H型はD型が母体となり機体各所に軽量化が図られているが、各種装備の新たな搭載などで期待されたほどの軽量にはならなかったが、それでもD型より自重は二二〇キロ軽減され三四六二キロとなった。

（注）同時期の中島・四式戦闘機キ84の自重：二六八〇キロ。
　　同じくスピットファイアMk14の自重：三〇五七キロ。

H型のエンジンには高度七二〇〇メートルで最大出力一六二〇馬力を発揮するパッカード・マーリンV－1650－9が搭載され、高度七六〇〇メートルで最高時速七八四キロを記録した。この速力は実用化されたマスタングの中で最速であった。

H型はイングルウッド工場で二〇〇〇機が量産される予定であったが、戦争の終結のために合計五五五機で生産は終了した。

なおダラス工場でもH型と同型の機体を生産する予定で、この機体はM型と呼称される予

P51H

定であった。本機のエンジンにはH型に搭載されたV－1650－9エンジンから水噴射装置を取り外したエンジンを搭載したが、これも戦争終結のために合計六三機が生産されたのみで、全機体が完成直後にスクラップ処分されている。

H型は多分に太平洋戦線を意識した機体で、とくに硫黄島から日本への長距離作戦行動に対応することが前提とされていたようである。それだけに本機体の最大航続距離はD型よりいくらか長く、作戦航続距離は三七〇〇キロに達していた。

ちなみにD型とH型はともに離陸滑走距離は六一〇メートルで、着陸滑走距離は五五〇メートルであった。

P51マスタングは各機種合計約一万六三〇〇機が生産された。この数字はアメリカ陸軍航空隊の実戦用機体としては、コンソリデーテッドB24爆撃機、そしてリパブリックP47戦闘機に次ぐ生産数である。

なおマスタングには試作機以外に二種類の変わり種が

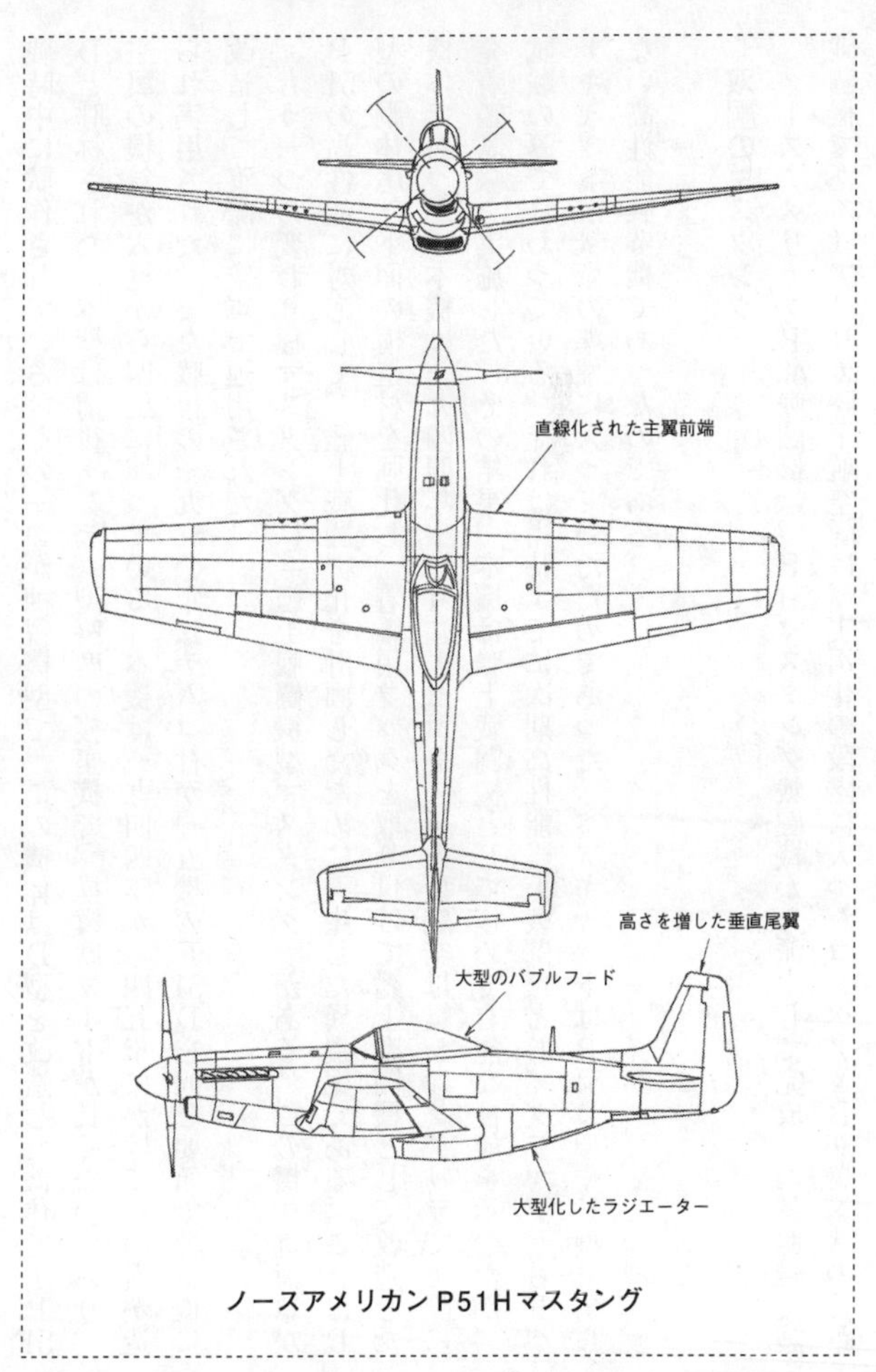


ノースアメリカンＰ51Ｈマスタング

戦時中に試作されている。その一つが練習機型で、この機体はD型を改造した機体でTP51Dと呼称された。本機は前後タンデム型座席の複座機で、操縦席フードが長くなっており、主翼の機銃が六梃から四梃に減っている。本機は一九四四年から四五年にかけて一〇機が造られ実用された。また戦後の一九五〇年にテムコ社が一五機のF51Dを同じ要領で練習機に改造して実際に空軍で運用された。

もう一つの変わり種マスタングに「艦上戦闘機型マスタング」がある。この機体は海軍がP51の高性能に対応して、艦上戦闘機化を計画したために誕生した異端児である。これはD型の胴体尾部下面の構造材を強化し、着艦用フックを取り付けて艦上戦闘機として改造した機体であった。本機は一九四四年十一月にエセックス級大型航空母艦シャングリラで実際に発着艦試験を実施した。その結果、本機は艦上戦闘機として極めて有能な性能を示したが、試験のみで終わっている。それは当時すでに次期高性能艦上戦闘機としてグラマンF8Fベアキャットが量産の準備に入っていたためであった。ベアキャットはP51D型やH型に劣らない高性能戦闘機であったのである。

## 双胴のマスタング

ノースアメリカンP82戦闘機は、P51マスタング戦闘機から派生して完成した長距離援護戦闘機である。アメリカ陸軍航空隊は、実用化の段階に入ったコンベアXB36爆撃機の長距離援護戦闘機の試作を、コンベア社（コンソリデーテッド社とヴァルティー社が合併した航空機製造会社）とノースアメリカン社に対し求めた。

この要請にコンベア社はＸＰ81戦闘機をノースアメリカン社はＸＰ82戦闘機で応えた。ＸＰ81は最新の発想に基づいたジェットエンジンとターボプロップエンジンの双方を装備した機体で、ノースアメリカン社は手堅く既存の長距離性能が突出したＰ51マスタングを母体にして開発をすすめた。

コンベアＸＰ81は、機首にジェネラル・エレクトリック社製の試製ターボプロップエンジンＸＴ31－ＧＥを装備し、中央胴体内にアリソンＪ33－ＧＥターボジェットを装備するという革新的な機体であった。しかし試作機の飛行結果は両エンジンの不調から期待する性能が引き出せず、途中で試作を中止しこの計画から降りることになった。

一方のノースアメリカン社は優れた性能のＰ51Ｈマスタングを二機ならべ、中央翼と水平尾翼で二機の胴体をつなぎ合わせるという単純な双子戦闘機を提案したのであった。二機の胴体を並べることにより生じる直進性能の不安はそれぞれの胴体を機尾方向に一・四五メートル延長し、垂直尾翼にはより大型のフィンを配置し、機首のエンジンは機体にあたえるトルクの影響も解消するように互いに逆回転にする対策を講じたのである。

ＸＰ82の二つの胴体を連結する中央翼と水平尾翼はテーパーのない単純な長方形で、二つの胴体のコックピットにはそれぞれパイロットが搭乗し、交代で操縦して疲労を軽減させる

P82

ようになっていた。

　本機の中央翼内には六梃の一二・七ミリ機関銃が装備された。また同じく中央翼内にも燃料タンクが配置され、機内タンクだけで二二八〇キロの航続距離が確保でき、翼下に装備する増加燃料タンクの搭載により最大航続距離は三六七〇キロが可能になった。またエンジンには離昇出力一六〇〇馬力、二段二速過給機付きアリソンV1710－145が搭載されたが、エンジンは互いに逆回転式となっていた。

　試作機は一九四五年四月に完成し、直ちに試験飛行が開始された。機体の基本が優れたマスタングであるために極めて高い性能を発揮した。最高速力は時速七七一キロの高速を発揮したのだ。

　本機は制式採用されたが、その運用目的は、すでに採用されていた新型の戦略爆撃機ボーイングB50やコンベアB36の長距離援護戦闘機とされていた。

しかし同時に、本機を鈍重かつ旧式化が進み始めて

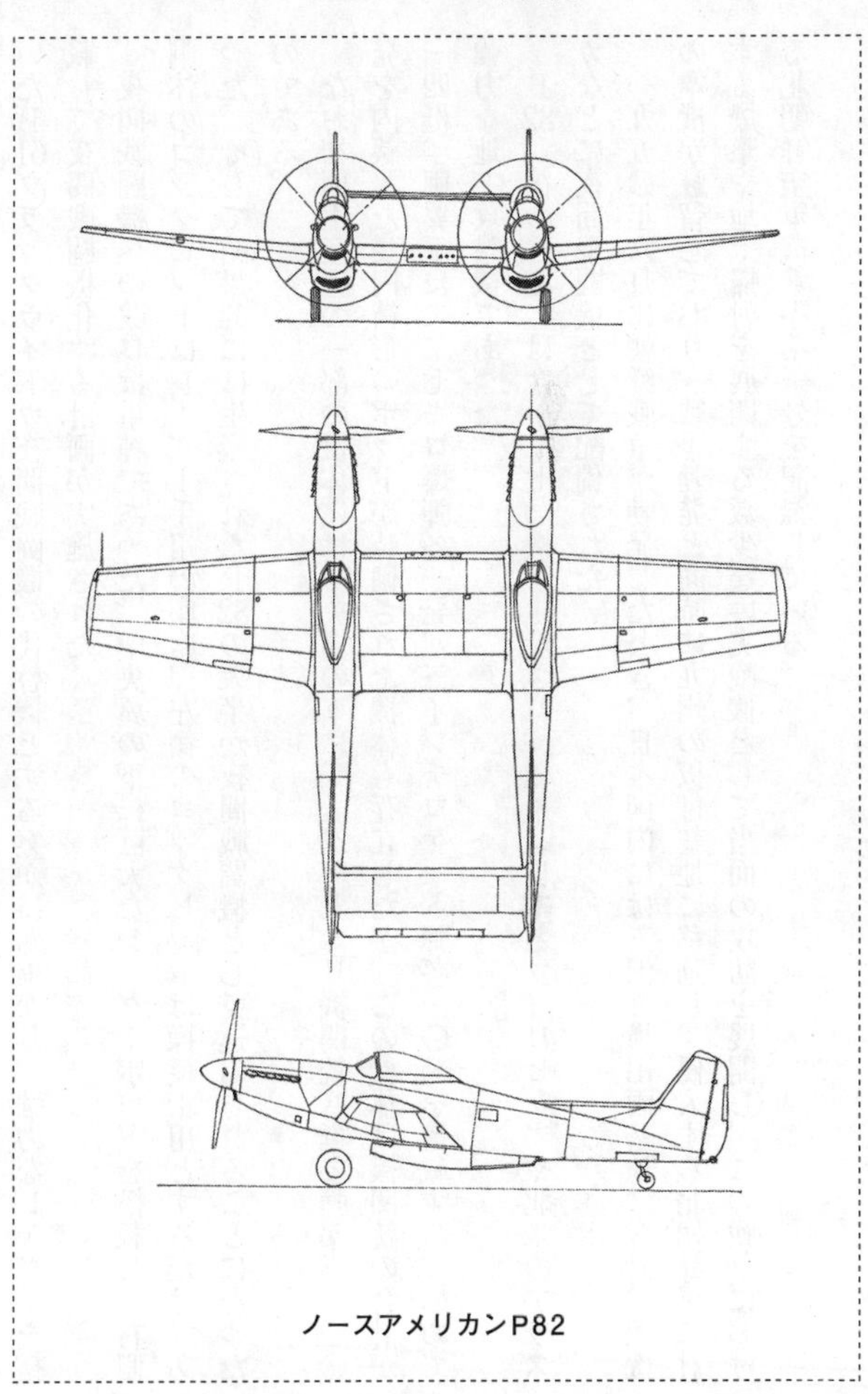

ノースアメリカンP82

いたP61ブラックウイドウ夜間戦闘機の代替機とする案が持ち上がり、強力なレーダーを搭載して夜間戦闘機化する計画が実施された。

夜間戦闘機への改良は単純であった。中央翼の下に巨大なレーダーポッドを搭載し、右側胴体のコックピットはレーダー手用の座席、左側のコックピットは操縦士用とするだけであった。そして結果的には生産されたP82の大半が夜間戦闘機として運用されることになったのである。

なお初期生産型の一部の機体には中央翼の下に、一二・七ミリ機関銃八梃と弾薬三二〇〇発を内蔵した長円筒形のポッドが装備された機体も存在したが、この機体は機関銃の合計が一四梃、両翼下に二二七キロ爆弾各一発、三インチロケット弾各一〇発を搭載する、極めて強力な地上攻撃機であった。

P82（後のF82）は合計二七〇機が生産され、極東（日本とフィリピン）や北米のアラスカなどに夜間戦闘機として配備された。

一九五〇年六月に朝鮮戦争が勃発したとき、日本国内には三沢と横田両基地に合計二四機の本機が駐留しており、戦争勃発と同時に九州の板付基地に移動し、侵入する北朝鮮軍に対する爆撃や地上掃射を展開する数少ない実戦機として当面の攻防を展開し、この戦争における北朝鮮空軍機撃墜第一号を記録している。

## マスタングの構造と装備

　P51マスタング戦闘機の基本設計は一九四〇年四月に始まっている。この頃の戦闘機の世界的な傾向は液冷エンジンの装備であった。当時はまだ戦闘機用のエンジンとして正面面積の大きな空冷エンジンを搭載するか、あるいは正面面積の小さな液冷エンジンを採用すべきか、議論が分かれていた時代であった。

　世界の航空機設計者の間では、空冷エンジンの最大の弱点は時速六〇〇キロ付近になると、エンジンカウリングの前端部で衝撃波が発生し、それ以上の速力を得ることは無理である、とされていたのであった。

　そのために機首で発生する空気抵抗を減少させ、プロペラ効率を向上させるためにはプロペラの設計を改善するとともに、機首の形状を極力細くすることが最善の策であり、高速を求める戦闘機には液冷エンジンが最適と考えられていたのであった。

　この理論のために一九四〇年頃の世界の航空機先進国が開発していた戦闘機は、圧倒的に液冷エンジン装備の戦闘機が主体であった。アメリカのベルP39戦闘機、カーチスP40戦闘機、イギリスのスーパーマリン・スピットファイア戦闘機、ホーカー・ハリケーン戦闘機、ドイツのメッサーシュミットMe109戦闘機、フランスのドボアチンD520戦闘機等々である。
　(注)この状況の中で日本とイタリアの戦闘機には液冷エンジン装備の戦闘機はなく、第一線戦闘機のすべてが空冷エンジン付き戦闘機であった。この理由は単純で、当時の両国

には戦闘機用の高性能な量産型液冷エンジンが開発されていなかったためである。

なお空冷エンジンの戦闘機用エンジンとしての最大の弱点とされていた正面面積の大きさが、機体正面で衝撃波を生じ高速機体には向かないという理論は、その後理論的に齟齬があり、空冷エンジン付き機体でも十分に高速を発揮できることが実証され、一九四〇年代中頃には高性能戦闘機が続々と誕生している。日本の四式戦闘機、局地戦闘機「紫電」や「紫電改」、アメリカのリパブリックP47戦闘機、ヴォートF4U艦上戦闘機、ドイツのフォッケウルフFw190戦闘機などである。

ノースアメリカンP51マスタング戦闘機が、後に傑作戦闘機となったことには明確な理由があったのである。その一つが最新の理論を取り入れた機体設計、もう一つが高性能エンジンを採用したことであった。そして当然のことながら、時代の趨勢に合わせて胴体の正面面積が小さくなる液冷エンジンを採用したことが、すべての基本にあったともいえるのである。

本機の設計が始まったとき、まだ戦闘機用のエンジンは液冷エンジン優位の時代であり、設計者のエドガー・シュミードもこれにならい液冷エンジン搭載の戦闘機として設計を開始した。

彼は機体、とくに胴体の正面面積の極力の縮小を図るために、まず機首から連続する正面面積の極力の縮小を図った。これにより胴体の断面形状は機体内容積の確保と最小面積を図

P51Dの冷却器

るために、必然的に矩形形状となった。また機体の正面面積の極小化を図るために、液冷エンジン搭載の機体の最大の弱点である、エンジン冷却液を冷やすための冷却器の正面面積の極小化も図った。スピットファイア戦闘機やメッサーシュミットMe109戦闘機は冷却器を両主翼下面に配置しており、機体の正面抵抗の増加をまねく原因になっていた。

彼はこうした冷却器の配置方法をやめ、胴体下の後方へ向けてしだいに細くなり始める位置に冷却器を配置したのだ。そして大きな抵抗となる冷却器自体はその大半を胴体内に収容し、冷却用空気の取入口も許容範囲内に小型化したのである。そしてその後方に冷却後の空気の排出口を設けたのだ。

つまり取り入れた空気は胴体内で広げられた導入路を通り冷却器を通過、熱交換された加熱された空気は再び狭められた導路を通って後部から排出される仕組みとしたのである。この方式のメリットは、冷却器の正面面積の減少とともに排出される熱交換された高温の排気がジェット効果を発揮し、機体の速力アップに多少なりとも寄与する、という考えに基づいたものだったのである。

また特徴的なことは冷却器への空気取入口付近では、冷却器への流入空気の境界層での乱流の発生（空気抵抗となり速力の増加を妨げる）を防ぐために、特殊なアイディア（冷却器入口と胴体下面との間にわざわざ隙間を造る）が採用され、空気抵抗の減衰が図られている。こうした冷却器の正面面積の極小化は本機の高速化に大きく寄与することになったのであった。

シュミードは本機の設計にあたり今一つ画期的な理論を採用したのである。主翼への「層流翼理論」の採用である。彼は最新の航空工学理論である層流翼理論を会得していた。そしてこの理論を本機の主翼の設計に採用したのであった。

層流翼とは主翼で発生する抵抗を極小にするために編み出されたもので、主翼の断面において翼の表面を流れる空気の流れに「渦」が発生しない、つねに層流状態を保てる摩擦抵抗が極小の主翼のことである。この場合の必要条件は主翼の厚さが最大になる位置を主翼の後方にずらすことである。この場合、主翼の断面の最大厚さを後方にずらした位置の決定が最大の難問で、最適な場所を選んだ主翼の場合には機体の高性能化が期待できるが、間違えば性能は上がらず、機体の失速を促進させることにもなりかねないのである。

機体が高速を発揮するための位置を広く保つための層流翼の研究は、日本では東京大学航空研究室やアメリカのNACA（アメリカ航空諮問委員会。後のNASA、航空宇宙研究所）などで研究されていた。そしてこの理論を世界で最初に設計に採用した軍用機がノースアメリカンP51マスタング戦闘機であったのである。また日本では後に陸軍の四式戦闘機「疾風」や局地戦闘機「紫電」、また「紫電改」に採用されている。

さらにマスタング戦闘機の構造において特筆すべきことは、機体の量産化に向けた構造の簡素化である。本機は主翼、胴体、尾翼にいたるまでその形状と骨組み構造は単純化されている。これは同時代のスピットファイア戦闘機に比較して歴然とした違いが見えるのである。スピットファイア戦闘機の設計はマスタングより四年前に始まったが、当時の高速機の理論としてふんだんに採用されたのが曲線であった。スピットファイア戦闘機の主翼などは典型的な楕円構造で、制作にあたっては複雑な骨組みの組み立てが行なわれ、大量生産するための構造にはなっていなかった。それに対しマスタングは主翼も胴体も直線主体の構造で、主翼や胴体内への各種装備品の収容も容易となり、機能的であるとともに大量生産向きの機体であったのである。

本機の最優秀戦闘機としての「芽」はすでに設計の段階で顔を出していたのである。

マスタングのエンジン

ノースアメリカンP51マスタングを語るとき、本機のエンジンの話題を抜きにして語ることはできない。

アメリカの航空機用エンジンの小規模な製造工場であったアリソンエンジン・カンパニーは、一九二九年にジェネラル・モーターズ社の傘下に収まった会社であるが、その後、急速な成長をとげたのである。その成長の起爆剤となったのが、新たに開発した一二気筒液冷エンジンであるアリソンV1710エンジンだった。

このエンジンはその後も改良が続けられ、主にアメリカ陸軍の軍用機用の唯一の液冷大出力エンジンとして、第二次大戦中に各種約七万台以上が製造されたのである。一九四〇年当時のアメリカの軍用機のエンジンは、艦載機を除き戦闘機用エンジンとしては液冷エンジンを採用する傾向が強かった。その理由はさきに記したとおりである。

しかし液冷エンジンの出力増加に対しては当時の技術では限界があり、二〇〇〇馬力級エンジンなどでは空冷エンジンを用いる傾向にあった。その理由は、空冷エンジンでは馬力の増加に対しては、シリンダーの冷却方法が確実であれば気筒数を増やすことで対処できたからである(七気筒エンジンを縦に複列に並べて一本の回転軸を回す一四気筒エンジンや、同じく九気筒エンジンを複列にして一八気筒にする手法など)。

一方の液冷エンジンは気筒数を増やし出力の増加を狙うことは可能ではあるが、決して容易ではないのである。気筒の容積を増しピストンのストロークを長くすることで出力の増加を図ることもできる。またV型一二気筒エンジンを二基組み合わせる方法もある。さらにエンジンを縦に並べ同じ軸を回転させる方法もある。しかしこうした方法では空冷エンジンにくらべ全長の長い液冷エンジンではエンジンの全長が長大化し、とうてい戦闘機用のエンジンとして採用することはできない。

例えばＶ型一二気筒エンジンを上下逆に組み合わせＸ型二四気筒として出力の増加を図る、あるいはＶ型一二気筒エンジンを横に並べＷ型二四気筒とする。しかしこれらの手法は二基のエンジンの回転数を同調させて一本の回転軸に同調させることの困難さがともない、極めて難しいのである。事実イギリスとドイツで液冷エンジンの出力増加のために、実際にこの二つの方法で考案されたエンジンは開発された。しかしいずれの場合も二基のエンジンの回転を同調させることの困難さが災いし失敗に終わっている

またＶ気筒配置エンジンをＸ配置やＷ配置を行なえば、機体の正面面積が小さくなるという液冷エンジンの本来のメリットを損なうことになり、いずれにしても液冷エンジンの出力増加には大きなハードルが存在することになるのであった。

一方航空機用エンジンにとっての一つの大きな関門は、高度が上がるにつれて必然的に低下する単位体積あたりの酸素濃度の低下に対する対策である。この問題はピストンを動かすレシプロエンジンであれば共通して直面する問題であり、何らかの手段で単位体積あたりの酸素濃度を上げる手法を考案しない限り、高度の上昇にともなうエンジン出力の低下を解決することはできないのである。

この問題の解決方法は一つである。つまりエンジン・シリンダーに送り込む空気を、高空になっても単位体積あたりの含有酸素濃度が極端に低下しない空気として送り込めばよいのである。この手法を解決する具体的な手段として考え出されたのが、高速で回転するタービンで圧搾空気を作り、酸素濃度が低空に比較しても極端に低下しない空気をエンジン・シリンダーに送り込む方法である。

このために開発された装置の一つが、エンジンの高温高速で排出される排気ガスを動力源とし、タービンを回転して空気を圧縮する排気タービンである。そしてもう一つが、高速で回転するエンジンの回転軸力でタービンを回転して空気を圧縮する機械式タービンである。一九四〇年頃までの液冷エンジンのシリンダーに送り込む空気の圧縮方法は、機械式タービンがすべてであった。この装置は一基のタービンを高速で定速で回転させる一段一速方式が主体であったが、高度が高まるにつれて減少する酸素濃度対策として、同じタービンを定速でより高速で回転させ、単位体積あたりの酸素濃度を高める一段二速方式も開発が進められていた。

航空機用エンジンは高度が三〇〇〇メートルを超える付近から、酸素濃度の低下にともない急速に出力の低下が始まる。地上出力が一五〇〇馬力のエンジンでも高度四〇〇〇メートルに達すると限界出力は一一〇〇～一二〇〇馬力に低下し、水平速力や上昇性能などの飛行性能が急速に低下してくるのである。

シュミードがマスタングの設計を開始したとき、この優れた機体設計に搭載できる大馬力の最良のエンジンは、アリソンV1710－39のみであったのである。本エンジンは当時実用化が始まっていたベルP39およびカーチスP40戦闘機に搭載されていたエンジンであった。これは六気筒のシリンダーをV形に配列したV型一二気筒エンジンであるが、過給機は一段一速式で最大出力一三二五馬力、離昇出力一一〇〇馬力であった。

マスタングは高度三〇〇〇メートルにおける試験飛行ではライバルのP39やP40戦闘機より格段に優れた性能を発揮したのだ。そして当初の要望どおりにイギリスに運ばれイギリス空軍の手で試験飛行、および当時の第一線戦闘機であるスピットファイアMk5や最新鋭のMk9との比較試験が行なわれた。

その結果は芳しいものではなかったのである。高度三〇〇〇メートルを超えるあたりから飛行特性は既存のスピットファイアMk5戦闘機に比較しても、大きく劣るものとなったのである。

このときスピットファイアMk5戦闘機が搭載していたロールスロイス・マーリン45エンジンは同じ液冷V一二気筒、離昇出力一一八五馬力で、マスタングが装備していたエンジンと規模において大差はなかったが、大きく異なっていたのは過給機が一段二速式となっていたことであった。この過給機の違いは高度三〇〇〇メートル以上での飛行性能を大幅に変えたのである。

このときイギリス側はマスタングの優れた機体に対し、スピットファイアMk9戦闘機が搭載していた当時イギリスで最優秀の液冷エンジン、ロールスロイス・マーリン61への換装を提案したのである。このエンジンはシリンダー寸法はアリソンV1710エンジンとほとんど変わりはないが、過給器が二段二速式となっており、最大出力は一五六五馬力となっていたのである。

その直後にマスタングはこのエンジンを搭載したが、その飛行性能はアリソンエンジン搭載時とは格段の性能アップとなったのである。つまり高度三〇〇〇メートル以上での飛行性能が飛躍的に上昇することになったのであった。このエンジンは二段二速過給を装備することにより、エンジン出力が急速に低下する高度三〇〇〇メートル以上から六〇〇〇、七〇〇〇メートルにいたる範囲において、高度三〇〇〇メートルのエンジン出力を維持することができたのである。

アメリカが直ちにこのロールスロイス・マーリン61エンジンのライセンス権を取得し、パッカード・マーリンエンジンとして量産を開始したのは当然の成り行きであった。

パッカード社はロールスロイス・マーリン61エンジンを「パッカード・マーリンV1650－7」として量産した。

本エンジンは直径一三七ミリ、ストローク一五二ミリのシリンダー六本をV形に配列した一二気筒で、全長は一七五センチ、全幅は七五・七センチ、総重量六二四キロである。なおエンジンの冷却は高空での凍結を防ぐために混入するエチレングリコールと水の混合液であった。

ロールスロイス社はマーリンエンジンのさらなる出力アップの対策として、シリンダー規模の拡大を行ない、新たにロールスロイス・グリフォンエンジンを開発し、第二次大戦末期のスピットファイアＭｋ14に採用したが、このエンジンはシリンダー直径は同じ一三七ミリであるが、ストロークを一〇パーセント増加した一六八ミリとしている。そして二段二速過給機を装備し、最大出力はマーリン61エンジンの約三〇パーセント増しの二〇三五馬力となっていた。ただこのエンジンは液冷Ｖ一二気筒エンジンとしては規模の限界と判断されている。

その後アリソンエンジンは一段二速式過給機、さらに二段二速式過給機装備のエンジンを開発し、後述するノースアメリカンＰ82戦闘機などに搭載し高性能を発揮させた。

## マスタング戦闘機の戦闘記録

### ヨーロッパ戦線のマスタング

イギリスの要請によって急遽開発が進められたマスタングはＮＡ73として開発されたが、この機体が実用化され初めて戦場に現われたのは一九四二年八月のことであった。この機体はＮＡ73の量産型でイギリス空軍ではマスタングＭｋ1と呼称された機体であった。

本機は中高度以下では当時のイギリス空軍の最新鋭戦闘機スピットファイアMk5やドイツ空軍のメッサーシュミットMe109Fなどに比較して優れた性能を発揮したが、高度四〇〇〇メートル付近に達するとその性能は急速に低下し、両戦闘機との対等な空中戦を展開することに大きな疑問が生じた。そこでイギリス空軍は本機を制空戦闘機ではなく地上攻撃機として運用することにしたのである。

イギリス空軍でこのマスタングMk1を配備された飛行中隊は第309飛行中隊の一個中隊（定数二四機）のみであった。第309飛行中隊は義勇ポーランド人で編成された飛行中隊で、隊員全員が亡命ポーランド人で編成されていた。

（注）イギリス空軍は実戦に投入される戦闘機、爆撃機、哨戒機など、すべての第一線機の戦闘集団の基本部隊は飛行中隊で編成されており、全飛行中隊は第1飛行中隊から連続番号となっていた（中隊番号は600番台まである）。例えば第1飛行中隊（戦闘機中隊）、第3飛行中隊（戦闘機中隊）、第78飛行中隊（戦闘機中隊）、第158飛行中隊（爆撃機中隊）、第617飛行中（爆撃機中隊）など。

そして300番台の飛行中隊は、フランス、ポーランド、オランダ、チェコスロバキア、ノルウェーなどのドイツ占領下にある国家からの亡命者の志願者で編成された飛行中隊で、400番台はカナダ、オーストラリア、ニュージーランドなどのイギリス連邦国家からのイギリス空軍への志願者により編成された飛行中隊となっていた。

第309飛行中隊は本来はホーカー・ハリケーン２Ｃ型戦闘機（二〇ミリ機関砲四門装備）で編成された飛行中隊で、フランスやベルギーのドイツ軍施設に対する地上攻撃を専門とする飛行中隊であった。

一九四二年八月、第309飛行中隊は装備機体をハリケーン戦闘機からマスタングＭｋ１に機種を変更し、同じく地上攻撃と低空での制空戦闘を展開する飛行隊として運用されることになった。

ハリケーン戦闘機の行動半径は短く、イギリス本国の基地からフランス国内への攻撃は、海岸線から一五〇キロ以内までと限られていたのだ。しかし機種をマスタングに変更することにより行動半径は広がりさらに奥地に対する地上攻撃も可能になり、しかも中高度以下であればハリケーン戦闘機に勝る性能で、ドイツ戦闘機との空戦を展開することも可能になったのである。

この攻撃は通称「殴り込み作戦」と呼ばれており、八機または一二機で侵攻しドイツ軍地上施設や航空基地を急襲するもので、マスタングＭｋ１には格好の戦術であったのである。しかしその後、この任務はより強力な攻撃力を持つホーカー・タイフーン戦闘機が担うことになり、地上攻撃機としてのマスタングＭｋ１の任務は終わった。

なおマスタングＭｋ１はその高速性をいかして低空用武装写真偵察機としても少数が使わ

れた。この場合、後のマスタングの写真偵察機型とは異なり、カメラは操縦席直後に左向きに配置され、座席直後の左側窓を使い左旋回しながら傾斜写真を撮影するようになっていた。しかしこの任務も新たに開発された高速写真偵察機スピットファイアMk11の出現により消滅している。

イギリス空軍のマスタングの本格的な運用は一九四四年一月からである。イギリス空軍では高性能戦闘機として確立されたP51BおよびC型をマスタングMk3として本格的に採用し、一九四三年十一月頃から一部戦闘機中隊に配備を始めた。

西部ヨーロッパ戦域で最初にマスタングMk3を配備された飛行中隊は第19飛行中隊で、一九四四年一月から作戦運用が開始された。その後引き続き、第一線への配備が続き、イギリス空軍でマスタングMk3を運用した飛行中隊は合計一七飛行中隊（配備定数四〇二機）に達した。これら飛行中隊はそれまではスピットファイアMk9を装備していたが、飛行性能はマスタングMk3の方が格段に優れていた。なおこの中の九個飛行中隊の機体はマスタングMk3からマスタングMk4（P51Dに相当）に機種が変更されている。

地中海戦域のイギリス空軍戦闘機航空団でマスタングが配備されたのは五個飛行中隊（配備定数一二〇機）で、すべてが連合軍のイタリア本土上陸作戦以降からの参戦となった。

アメリカ陸軍航空軍がP51BおよびCをヨーロッパ戦線に投入したのは一九四三年十月末からであった。イギリス本土に所在する第8および第9航空団の戦闘機部隊の増援部隊とし

イギリス空軍のマスタング

て、アメリカ本国からP51BおよびCで装備された戦闘機大隊数個がイギリス本土に送り込まれてきたのである。アメリカ陸軍航空団の戦闘機部隊はイギリスの到着後約一ヵ月は整備と訓練に費やし、最初の出撃は一九四三年十二月であった。

この大量に送り込まれるP51戦闘機の輸送方法であるが、航続距離の卓越したP51でも大西洋の横断は不可能である。機体の大半は戦時中に大量建造されたアメリカ式の戦時標準設計船であるリバティー型貨物船（総トン数七〇〇〇トン）で行なわれた。これらの船の一部は航空機運搬専用船として位置づけられ、運ばれる機体は主翼・胴体・尾翼を分解し、それぞれ木枠または木箱で梱包し、船倉に積み込まれイギリスに運ばれるのである。港に下ろされた分解された機体は現地で戦闘機として組み立てられるのである。一隻あたりが運ぶ戦闘機は一〇〇機前後であった。また一部の機体はフランス海軍の旧式大型航空母艦で航空機輸送艦となったベアルンにより運ばれたが、この場合は簡易防錆処理を行なった機体を飛行甲板一杯に並べられた。一回に運ぶ機体は四〇〜六〇機であった。

アメリカ陸軍航空隊の戦闘機航空団が西ヨーロッパ戦線で運用したP51戦闘機装備の飛行中隊の総数は、最終的には合計四二個飛行中隊（配備定数一〇〇四機）に達した。

最初にイギリス本国に到着したマスタング戦闘機隊は、第357飛行大隊の三個飛行中隊の合計七二機のP51Bマスタングであった。

その後一九四四年三月以降、それまでリパブリックP47サンダーボルト戦闘機やロッキードP38ライトニング戦闘機を運用していた飛行中隊の多くが、つぎつぎと機種がマスタングに変更され、作戦に投入されていったのであった。その理由は一つに本機の優れた飛行性能と長大な航続距離（行動半径）にあった。

一九四三年十二月時点で最大の航続距離の連合軍側戦闘機はロッキードP38戦闘機で、その航続距離はイギリスの基地を起点に最大八七〇キロであった。この距離はドイツ本土中西部の主要都市までの距離に等しく、爆撃機の遠距離援護は決して不可能ではなかったのである。しかしP38は双胴で重量が重く操縦性が決して軽快ではなかったために、迎撃してくるドイツ空軍のフォッケウルフFw190AやメッサーシュミットMe109F、あるいはMe109Gといった軽快な単発戦闘機と格闘戦を展開することには多くの難点があったのである。

またP47サンダーボルト戦闘機はこれらドイツ戦闘機とわたりあえたが、P38戦闘機に比較し航続距離が二〇〇キロ短く、ドイツ奥地への爆撃機の援護は不可能であったのである。

これに対し新たに参入してきたマスタングは、航続距離は当時のヨーロッパ戦線のいずれの単発戦闘機よりも長く、一〇〇〇キロという桁違いの性能を持っていたのである。しかもその飛行性能はドイツ空軍が迎撃に送り出して来る単発戦闘機より高性能であったのだ。

一九四三年十二月二十五日、ドイツ北西部のブレーメンに対するアメリカ爆撃航空団の大規模爆撃作戦が展開された。このときの参加爆撃機はコンソリデーテッドB24爆撃機とボーイングB17爆撃機合計五三九機であった。そしてこの爆撃機の援護にはロッキードP38戦闘機三五機とノースアメリカンP51BおよびC四四機が出撃したのであった。P51マスタングの大規模な初めての出撃であったのである。

このときも多数のドイツ戦闘機が迎撃に現われたが、撃墜された爆撃機はわずか四機に過ぎなかった。この数は二ヵ月前の十月に展開された、シュヴァインフルトやレーゲンスブルクに対する爆撃時の護衛戦闘機皆無の中での損害（それぞれの爆撃行時の被墜機三五～四〇機、大破・再出撃不能機六〇～八〇機）に比較すると格段の違いとなったのである。まさにマスタングの存在価値を実証することになったのである。ここでP51マスタングは重爆撃機隊の救世主的存在となったのであった。

一九四四年初頭以降、昼間爆撃を担当するアメリカ陸軍爆撃航空団の各重爆撃機は、出撃ごとにマスタングの護衛を受け、その損害は激減することになった。

一方もう一つのヨーロッパ戦線である地中海方面の戦域でも一九四四年一月以降、アメリカ陸軍第一二航空軍にはP51BおよびCで編成された戦闘機大隊がつぎつぎと投入された。また地中海方面戦力のイギリス空軍の数個飛行中隊の戦闘機が、スピットファイアMk8やMk9からマスタングMk3（後に一部Mk4）に機種が変更されている。

ヨーロッパ戦線におけるアメリカ陸軍航空隊の活躍は絶大であった。アメリカ陸軍航空隊の戦闘機航空団が運用した戦闘機は一〇機種に達し、その総出撃回数は延べ九二万七九〇九回に上った。この中でP51マスタング戦闘機のしめる割合は第二位で、二三パーセントの二一万三八七三回に達している（第一位はリパブリックP47サンダーボルトで四四・五パーセントの四二万三四三五回）。

この出撃でP51マスタング戦闘機が撃墜したとされる枢軸側機体数は合計四九五〇機とされている。

（注）アメリカ陸軍航空隊の空中戦における撃墜の確認と算定方法は、主に機体に装備されたガンカメラにより行なわれているが、ガンカメラを装備していない機体も多くあり、多くの場合は個人申告あるいは僚機パイロットの証言となっている。したがって撃墜の確認方法はイギリス空軍の厳格な撃墜判定基準とは異なり、多分にパイロットの主観に頼る部分があり、必ずしも正確ではないとされている。

この戦闘出撃回数の中で失われたP51マスタングの機体数は二五二〇機に達した（この数は敵機による被墜や事故大破、損害を受け再出撃不能などの機体も含まれる）。なおヨーロッパ戦線におけるアメリカ陸軍航空隊の戦闘機航空団が失ったすべての機種の戦闘機の総数は八四八一機とされている。

太平洋・アジア戦域のマスタング

アジア戦線へP51が初めて出現したのは一九四三年十一月である。このとき進出したのはアメリカ陸軍航空隊第10航空軍の戦闘機航空団に所属する機体で、P51AとA36であった。これらの機体はコンソリデーテッドB24爆撃機部隊とともにインドのカルカッタ方面に進出し、ビルマのラングーン周辺の日本軍施設爆撃に来襲したB24爆撃機の編隊の援護のために出撃したものであった。いずれの機体も十数機単位での援護機として随伴したものであった。これに対し日本側は飛行第六十四戦隊の一式戦闘機「隼」二型が迎撃している。

これら来襲した機体がP51Aであったのか、またはA36であったのかは判然としない。一九四三年十一月二十八日のラングーン周辺への戦爆連合の来襲の際には、迎撃した第六十四戦隊の一式戦闘機がB24爆撃機四機とP51AまたはA36二機を撃墜したが、これが日本機によるP51（またはA36）の初撃墜になるのである。

さらに十二月一日の再度のラングーン爆撃に際しては、コンソリデーテッドB24爆撃機五

ビルマ戦線のP51

機とP51AまたはA36二機を撃墜している。これらの空中戦で劣性能の一式戦闘機がP51戦闘機を撃墜できたのは、P51側パイロットが初めての実戦であるのに対し、日本側がすべて超ベテラン級のパイロットであったこと、さらに戦闘高度が中高度（四〇〇〇～五〇〇〇メートル）であったために、日本側戦闘機が対等に近い性能で空中戦を交えることができたことによるもの、と判断できるのである。

その後一九四四年五月以降にはアメリカ陸軍航空隊第14航空群の爆撃機隊や戦闘機隊が中国西部および南部に進出、とくに戦闘機部隊としては第311戦闘機大隊が中国南部の江西省に進出し積極的な制空・地上攻撃を展開してきたのである。

この飛行大隊は三個飛行中隊（定数七二機）で編成されており、主力機体はカーチスP40N型であったが、一部はP51BおよびCを使用していた。そしてこのマスタングはその長い航続距離を活用し中国南部や中部の日本軍戦域への攻撃を展開し、ときには海岸地帯の汕頭や厦門方面にも現われていた。そして在中国の日本陸軍の一式戦闘機「隼」、二式戦闘機「鍾馗」、配備間もない四式戦闘機「疾風」などと空中戦を展開することが増え始めたのだ。

そのような中の一九四四年五月、二機のマスタングらしき戦闘機が北京周辺に飛来した。ところがその中の一機が帰途に際しエンジン故障らしく日本軍守備地域に不時着したのだ。この機体は大きく破損したが直ちに日本軍の調査隊が現地に入り調査を開始し、エンジンはアリソンであることが判明している。当時は不明であったが、後にはこの機体はP51AまたはA36と判断されたのである。

その後一九四五年二月にP51らしき戦闘機一機が漢口付近に不時着した。この機体はプロペラを破損したが大きな損害はないと報告され、日本の陸軍立川航空研究所からただちに調査員が派遣されたのである。

その後機体はプロペラを含め飛行可能な状態に修理され、翌三月に立川まで空輸されることになった。機体はP51Cであることが判明していた。機体は無事に立川基地に到着し様々な調査と飛行試験が行なわれた。この一連の飛行試験により本機が群を抜いた性能を発揮することが判明したが、その一連の調査の中で極めて興味深い、他に例を見ない特異な試験が展開されたのである。それは数種類の戦闘機による一斉の「徒競走」であった。

この速度試験には四式戦闘機「疾風」、三式戦闘機「飛燕」、昭和十八年一月に日本潜水艦でドイツから日本に運び込まれたドイツ戦闘機フォッケウルフFw190A、戦争勃発の劈頭にマニラで鹵獲したカーチスP40、そして鹵獲したP51Cの五機が参加した。立川基地上空に横一線になって飛来した五機の戦闘機は一斉に最高速力で全力飛行に入ったのである。恐らく他国でも前例のない、まさに戦闘機の徒競走である。

全力飛行は五分間続けられたが、その結果は、P51Cが他の四機を引き離し断トツの一位で先行し、それに続いて「疾風」とフォッケウルフが、少し遅れて「飛燕」が続き、P40は大きく遅れをとって最終の位置にあったと報告されている。

このP51Cマスタングはその後日本の主要戦闘機基地を巡り、日本陸海軍の戦闘機搭乗員に対するP51戦闘機との空戦技法の訓練に使われたとされているが、消耗部品の不足から飛行不能となったとされている。

一九四五年二月に硫黄島が米軍により占領されると、同地には飛行場建設大隊が進出し、マリアナ基地から日本本土空襲に向かうボーイングB29爆撃機の不時着滑走路の建設と、重爆撃機の援護用の戦闘機P51の滑走路の建設が開始されたのである。その後工事は三月に終了し、ただちにアメリカ本国からP51戦闘機大隊が移動してきたのだ。P51戦闘機であれば片道一〇〇〇キロの日本本土までのB29爆撃機の援護は可能なのである。

三月に入りアメリカ陸軍航空隊第20航空軍のP51D型で編成された三個大隊（九個飛行中隊で編成。戦闘機定数は二一六機）がハワイ基地から空路硫黄島に進出してきたのである。これら飛行隊の全機は長大な航続力を活かし、ハワイからウエーク島、グアム島を中継地として硫黄島に進出してきたのであった（なおアメリカ本土からハワイ基地までは同機の航続力の限界を超すために護衛空母で運ばれた）。

この長距離移動に際しては先導機としてB29爆撃機が使われたが、実戦に際し、硫黄島から日本本土までの片道一〇〇〇キロの洋上飛行においては、同じく数機のB29が先導機の任務を担っていた。伊豆七島上空で分かれると付近上空で先導機は待機し、任務からもどってきたP51を再びともなって硫黄島基地帰還したのである。

これらP51Dの日本への初出撃は一九四五年四月七日であった。ノースアメリカンP51マスタングの出現は日本の陸海軍戦闘機部隊にとっては衝撃的な出来事であった。B29爆撃機の迎撃に上がった陸海軍の防空戦闘機は見慣れぬ単発戦闘機に各所で遭遇したのだ。噂には聞いていたこの戦闘機の優れた運動性、そして高速力に各パイロットは茫然としたのだ。マスタングと空中戦を試みた日本の戦闘機はつぎつぎと撃墜された。

少なくとも東京や横浜上空でのB29爆撃機の迎撃は、この高性能な戦闘機の出現でこれまで以上に困難を極めることになったのである。

五月に入るとP51のみによる関東方面への攻撃も始まった。五月二十八日、P51マスタングによる最初の東京周辺への攻撃が展開された。この日、五三機のP51戦闘機の編隊が東京周辺の上空に現われ、低空に舞い降り鉄道施設、軍施設、工場群、造船所などに対し猛烈な機銃掃射が展開されたのであった。その地域は東京都内をはじめ、八王子、立川、川崎、横浜におよび、立川、調布、厚木、成増、福生、追浜などの陸海軍航空基地は銃撃を受け多くの被害を出したのである。

当時の日本陸海軍にはこの機体にまともに対抗できる戦闘機はなかったのである。確かに陸軍の四式戦闘機は良質な燃料と熟練したパイロットが操縦すれば、確実にP51マスタングと対等な空中戦を展開することはできたのだが、すでにベテラン搭乗員は枯渇し、燃料は低質、エンジンも不調で、優れた性能を発揮することはできなかったのであった。

ノースアメリカンP51マスタング戦闘機は、日本陸海軍の戦闘機部隊にとどめを刺したともいえる機体であったのである。

戦後のマスタング

第二次大戦が終結した時点でマスタングの量産は終わった。一方ヨーロッパやアジア戦線に投入され戦争終結時点で在籍していたマスタングは、各戦闘機部隊の解隊にともない、その大半が現地で解体または焼却処分され、一部の機体は存続部隊とともに母国に帰還した。それらの機体は中古機体としてそのほとんどは解体された。しかしアメリカ国内に余剰および予備機として残されていた新品の多くの機体は、近い将来の有事を考慮して、当面の保存が実施されることになったのである。その数はP51マスタングでおよそ一二〇〇機とされている。

しかしマスタングに関して見ると、この余剰機体以上にまだ多くの機体が現役戦闘機とし

オーストラリア空軍のマスタング

て在籍していたのである。それは戦後も一部残された航空軍の戦闘機部隊の所属機である。そしてさらに州空軍（予備航空隊）に配属されていたマスタングである。これらの総数は二〇〇〇機以上であったと推定されるのである。つまり一九四五年末頃、Ｐ51マスタングは三〇〇〇機以上がアメリカ国内には在籍していたと推定されるのである。そしてこれらマスタングは大半がＰ51Ｄ型とＫ型で、Ｈ型がそれに続き、少数のＢ型やＣ型が在籍したのだ。

こうした機体は簡易式の防錆処理が施され、湿度の低いアリゾナ州の砂漠地帯に準備された広大な予備軍用機ヤードに移され、乾燥した気候の中で長期保存をすることになったのである。

また一部の機体は友好国空軍の第一線戦闘機として、あるいは新興国空軍の戦闘機として有償または無償で供与されたのである。これら余剰マスタングを供与され、または購入したのは、カナダ、オーストラリア、ニュージーランド、南アフリカ、フランス、スウェーデン、イスラエル、中華民国、韓国、ウルグアイ、ハイチなどであった。

イギリス空軍の場合は、一九四三年十月以降二〇個飛行中隊以上がマスタング3型および4型の配備を受けたが、戦争終結後にはこれら飛行中隊は一部が解隊され、また存続飛行中隊は所属機が最新鋭のスピットファイア戦闘機（14、16、18、21、22型）に置き換えられ、イギリス空軍からマスタングは消えたのである。

P51の供与、または購入した国の戦闘機部隊は、一九五〇年頃には大半がマスタングを新鋭のジェット戦闘機に置き換えその姿は消えたが、一部の国の戦闘機部隊では一九五〇年代末ころまで第一線戦闘機として運用を続けたのであった。その中でイスラエル空軍などは、第一次中東戦争においてマスタングを地上攻撃機として活用していた。

その最中の一九五〇年に突如、朝鮮戦争が勃発した。このときアメリカ空軍（アメリカ陸軍航空軍は一九四七年にアメリカ空軍に移行している）は、国内に余剰になっていた大量のF51（アメリカ空軍の設立にともない、それまでの戦闘機記号の「P」は、新しい戦闘機記号「F」に変更された）を戦場に送り込み、アメリカ空軍の地上攻撃機の主力としたのであった。

## 朝鮮戦争とF51マスタング

一九五〇年六月二十五日の早朝、朝鮮民主主義人民共和国（北朝鮮）と大韓民国の国境となっている北緯三八度線を突破し、突如北朝鮮陸軍の大部隊が韓国国内に侵入してきたのである。朝鮮戦争の勃発である。

この戦争はジェットエンジン推進の軍用機が航空戦の主力となった世界最初の戦争であったが、その一方でレシプロエンジン軍用機の重要性も再確認された戦争でもあった。そして、この戦いでレシプロエンジン軍用機の存在意義を大きく印象付けたのが、マスタングの存在とその活躍であった。

戦争勃発当時、極東地域に在籍していたアメリカ空軍戦力の大半は日本国内にあった。その主力はロッキードＦ80ジェット戦闘機、レシプロエンジンのダグラスＢ26爆撃機、同じくノースアメリカンＦ82夜間戦闘機であった。そして一方の北朝鮮空軍の主力戦力は、レシプロエンジンのヤクＹａｋ９戦闘機とイリューシンＩℓ10襲撃機であった．

戦いは北朝鮮軍が戦車を先頭に無数の歩兵部隊の国境侵入で開始された。そしてこれを防ぐ戦力は、新たに編成され錬成途上の韓国陸軍部隊とアメリカ陸軍歩兵部隊であった。戦力に大差のある韓国とアメリカ陸軍部隊は北朝鮮軍にたちまち蹂躙され、北朝鮮勢力は韓国の首都ソウルに迫った。

この知らせを受けたアメリカ本国では、在日占領軍最高司令部（ＧＨＱ）のマッカーサー元帥を連合軍最高司令官に任命し、この戦争を国連の承認の下に国連軍で戦うことになったのであった。

国連軍はアメリカ陸海軍主導でこの戦争を展開することに決め、最初にとった行動は在日アメリカ空軍戦力による日本基地からの航空攻撃であった。しかし急を告げる戦況の中、空軍の主力であるジェット戦闘機は航続距離が短く、日本本土からの出撃は可能でも戦場上空での滞空時間は極端に短く、攻撃は不十分であった。また長い航続距離を持つB26爆撃機やF82戦闘機はその機数がとも二四機と少なく、戦力として評価することはできなかったのだ。

この状況を打開するために即刻、投入されたのがアメリカ海軍のエセックス級大型航空母艦二隻とイギリス海軍の一隻の軽空母であった。

ここで絶対的な航空戦力を確保するためにアメリカ空軍が白羽の矢を立てたのが、実戦に直ちに投入できるアメリカ「州空軍」戦力であった。そこには大量の余剰を持つノースアメリカンF51マスタング戦闘機があった。

マスタングはすでに記したとおり長大な航続力を持ち、強力な爆撃力を備え、爆弾等を最大九〇〇キロまで搭載することができるのである。しかもレシプロ戦闘機特有の軽快な操縦性のため、複雑な地形の朝鮮半島の戦場には最適の航空攻撃戦力であったのだ。

在日アメリカ空軍司令部は直ちに一四五機のマスタングをエセックス級航空母艦ボクサーに搭載し、搭乗員とともに全速力で日本へ送り込んだのであった。そしてすべての機体は戦争勃発一ヵ月後の七月末までには日本に到着し、直ちに整備と訓練が行なわれ、日本国内の基地から爆装して朝鮮半島の戦場に向かったのであった。マスタングの第一陣の到着後、次々に新たなマスタング戦闘機部隊が補充機体とともに戦場に送り込まれたのである。

一九五〇年八月から一九五三年七月までのこの戦いでマスタングが果たした役割は絶大であった。三年間でＦ51マスタングが記録した出撃回数は五万六三四〇回に達した（戦争におけるアメリカ空軍の出撃回数最多の軍用機はロッキードＦ80ジェット戦闘機で、その出撃回数は七万八八〇〇回であった）。

この戦争で失われたマスタングの総数は三二九機となっている（主な損失原因は敵の対空砲火による被墜で一七二機）。なお、投入されたマスタング装備の飛行中隊数は七個中隊（定数一六八機）で、使用された機体はＦ51ＤとＦ51Ｋで、Ｈ型は使用されなかった。

双胴のマスタング、Ｆ82

長い航続力を持つノースアメリカンＰ51マスタングの出現は、ヨーロッパ戦線の昼間爆撃で苦闘するアメリカ陸軍航空軍の重爆撃機部隊にとっては、かけがえのない福音となった。出撃ごとに一〇パーセントを大きく超える被墜損害を出していた爆撃隊の損害は、一気に一～二パーセントに落ちたのである。ドイツ国内への昼間爆撃の出撃はまさに死の宣告に等しかった爆撃機搭乗員たちの士気が、ここでいかに上がったかは想像に難くない。

そして同時に、これら爆撃機の全作戦行程を援護できる長距離援護戦闘機の試作計画も始められていた。

アメリカ陸軍航空軍は一九四三年に、量産化の準備を進めていたボーイングB29爆撃機の爆撃作戦の全行程を援護できる援護戦闘機の至急開発を進めると同時に、当時すでに始まっていたB29よりも高性能な次期長距離重爆撃機の試作準備に合わせ、これら爆撃機の作戦全行程を援護できる援護戦闘機の開発もスタートさせていたのである。

この新しい重爆撃機は、後に新構想の超重爆撃機コンベアB36爆撃機と、B29をエンジンの強化で進化させたボーイングB50爆撃機で実現したが、陸軍航空軍はこれらの爆撃機の作戦全行程の援護が可能な援護戦闘機の開発をコンベア社とノースアメリカン社に命じたのである。

両社は直ちにこの開発に着手したが、次期援護戦闘機の構想はそれぞれ大きく異なっていた。コンベア社の構想は斬新で、一方のノースアメリカン社の構想は手堅かった。

コンベア社は来るべきジェットエンジン推進戦闘機の出現を予測し、最新のジェットエンジンと同じく最新開発のターボプロップエンジン二基を搭載した大型高速長距離戦闘機を提示し、陸軍航空軍から新たにXP81の呼称を得て試作を開始したのである。

この機体は極めて特異な構想の下に設計されていた。機首には作戦の全行程を高速で飛行するためにターボプロップエンジンを搭載し、胴体内には空戦時さらなる高速飛行を可能にするようにターボジェットエンジンを搭載したのである。つまり複合エンジン式の戦闘機であった。当時のジェットエンジンの燃費の悪さから燃料タンクが大型になるために、勢い機体も当時の常識的な戦闘機よりはるかに大型の機体となった。

一方のノースアメリカン社の長距離戦闘機の構想は単純であった。すでに実績のあったＰ51マスタング戦闘機二機を中央翼で繋ぎ合わせただけの機体なのである。陸軍航空軍はこの機体にＸＰ82の呼称を与え開発のスタートを命じた。

ノースアメリカン社は双胴にすることにより、それぞれの操縦席のパイロットは長距離飛行を交代で行ない疲労の軽減を図ることにし、同時にもともと高性能なマスタングのエンジンをより強化することによりさらに高速化し、新しく開発される高速レシプロエンジン爆撃機の援護は十分と判断したのであった。また新しく付加される中央翼内に新たに燃料タンクを増設し、航続距離の延伸もねらうことができたのである。

両社の新援護戦闘機の開発は順調に進み、コンベアＸＰ81は一九四五年一月に初飛行を行なった。しかしこのとき、本来機首に搭載されるターボプロップエンジンの開発の遅れから、アリソン社の液冷レシプロエンジンが搭載されることになった。試験飛行の結果はレシプロエンジンのみの飛行は機体が大型であるために期待された性能を得ることはできなかった。その後、完成したターボプロップエンジンを搭載した機体の試験飛行が行なわれたが、すでに一九四七年にずれ込み、このときにはノースアメリカンＰ82が次期長距離戦闘機に決定していたのだ。そして新たな長距離爆撃機もコンベアＢ36およびボーイングＢ50として量産が開始され、部隊配備も開始されたのである。

P82（後のF82）の基本構造は単純であった。胴体は最新型のP51H型と同じであるが、機体の受ける空力的な配慮から胴体が尾部方向で約一・五メートル延長された。左右の翼はP51と同じであるが、両胴体をつなぐ中央翼はテーパーのない全長三・四メートルの翼となっており、水平尾翼も同じ構造であった。また中央翼には六梃の一二・七ミリ機関銃が装備され、胴体への結合部付近は燃料タンクになっていた。

二つの胴体のコックピットにはそれぞれ操縦士が乗り込み、長距離飛行にそなえて交互に操縦できるようになっていた。また二基のエンジンは互いに逆回転するようになっており、機体にかかるトルクを打ち消すようになっていた。

本機の試験飛行は一九四五年四月に行なわれたが、その結果は予想を大きく上回るものであった。双胴式の一回り大型になった機体であったが、その飛行特性や個々の性能は最新型のP51H型に勝るとも劣らない能力を発揮したのであった。

本機のエンジンは最初の量産型ではより強力な最大出力一六〇〇馬力のアリソンV1710（液冷V一二気筒・二段二速過給器付き）を搭載し、最高時速七七五キロを発揮、航続距離は増槽付きで三六〇〇キロに達した。

本機の武装は六梃の一二・七ミリ機関銃であるが、主翼や中央翼の下には最大一八〇〇キロの各種爆弾やナパーム弾、そしてロケット弾の搭載が可能であった。この搭載量は同時期の第一線軽爆撃機のダグラスB26インベーダーと同じであった。

最初の量産型であるP82B型の一機（愛称「ベティー・ジョー（Betty Jo）」）は、一九四七年三月に、巨大な補助燃料タンク四基を両翼下に搭載し、ハワイのホノルルとニューヨーク間（八八七〇キロ）の無着陸飛行に成功している。所要時間は一四時間三三分で平均速力時速六一〇キロを発揮したのだ。途中空中給油なしのこの記録は、戦闘機の無着陸長距離飛行の世界記録としていまだに破られていない。

本機の量産は一九四六年から開始された。しかし戦争の終結によりその機数は少なく、わずかに二七〇機が生産されたのみであった。そして量産された機体の半数の一五〇機は夜間戦闘機として完成している。当時の制式夜間戦闘機であったノースロップP61ブラックウイドウは旧式化しつつあり、その代替としてP82の夜間戦闘機化が進められたのである。この場合、本機の中央翼の下に巨大なレーダーポッドが装備され、右側胴体のコックピットはレーダー手の席となっていた。

じつは夜間戦闘機型は実戦に投入されたことがある。一九五〇年六月の朝鮮戦争勃発時、日本国内の入間基地（当時のジョンソン基地）と三沢基地に本機が合計二四機配置されていた。

戦争勃発直後にこの二四機は九州の板付基地に移動し、直ちに韓国の首都ソウルからのアメリカ政府関係者やその家族の救出の援護作戦に投入されたのである。ソウル近郊の金浦飛

朝鮮戦争で出撃準備中のF82

行場にはアメリカ空軍輸送機が集結し、脱出者の輸送が始まったが、この作業の上空警戒にF82が投入されたのであった。

本機の長大な航続距離は、日本からの出撃を行なっても現地上空で長時間の警戒飛行が可能だったのである。また上空警戒ばかりでなく主翼下に爆弾やロケット弾を搭載し、迫りくる北朝鮮軍に対し地上攻撃も実施したのであった。

なおこのF82の一連の警戒飛行の間に、金浦飛行場に飛来した北朝鮮空軍の一機の戦闘機（ヤクYak9戦闘機）が、警戒にあたっていた本機により撃墜され、この戦争での撃墜第一号を記録している。

その後、F82夜間戦闘機型はジェットエンジン推進でレーダー装備のロッキードF94全天候戦闘機と交代し、一九五二年までには退役している。なおF82戦闘機の愛称は「ツインマスタング」、つまり「双子のマスタング」と呼ばれていた。

## ノースアメリカンP51戦闘機のエースたち

ノースアメリカンP51マスタング戦闘機がヨーロッパ戦線に投入された一九四三年十一月以降、同戦域でのマスタングの活躍は際立っていた。それまでのアメリカ陸軍航空軍の主力戦闘機であったロッキードP38は、ドイツ空軍戦闘機とわたり合うには軽快とはいえないその性能から、むしろ苦戦を強いられていたのである。しかしP51が登場してからは事情が大きく変わったのだ。

ドイツ戦闘機に勝る性能を持つマスタングは、しだいに機体に慣れた操縦士により勝利の空中戦を展開する機会が増えていったのである。そしてその中には多くのエース（敵機撃墜五機以上の操縦士に与えられる名誉称号）が誕生したのであった。つぎにそれらの中から代表的なマスタング・エースを紹介する。

ジョン・C・マイアー陸軍中佐

一九三九年に名門ダートマス大学を中退したマイアーはアメリカ陸軍航空隊に入隊、戦闘機操縦士となり、一九四三年十一月にアメリカ陸軍航空軍最初のイギリス派遣のマスタング部隊のパイロットとして参加した。直後のマスタング最初のドイツ本土への爆撃機援護の際にドイツ戦闘機一機を撃墜する。その後一九四五年一月までに合計二四機のドイツ戦闘機を撃墜しエースとなる。しかしその直後、イギリス国内で自動車事故に合い入院することになった。

戦後大学に復帰しダートマス大学を卒業後再び新編成のアメリカ空軍に入隊、ジェット戦闘機パイロットとなる。

朝鮮戦争勃発後、航空団司令（空軍大佐）として、自らもノースアメリカンF86ジェット戦闘機を操縦士して義勇中国空軍のミグMiG15ジェット戦闘機と空中戦を展開、二機の撃墜記録を持つ。その後、空軍大将に昇進しアメリカ空軍参謀次長まで栄進するという、異端のエースである。

ジョン・C・ハーブスト陸軍中佐

ハーブストは異色の経歴の操縦士である。第二次大戦が勃発したとき彼はすでに三二歳であった。石油会社の事務員として勤務していた彼は空軍に志願する意思を持っていたが、アメリカ陸軍航空隊の入隊の年齢制限を大きく超えていたために断わられ、カナダに渡りカナダ空軍の戦闘機操縦士となった。

直ちにイギリス空軍に派遣され戦闘機、爆撃機、偵察機の操縦士として参戦したが、年齢制限から地上勤務に回された。

飛行機を操縦したかった彼は中国に派遣されていたアメリカ陸軍航空隊の友人デイビッド

・Ｌ・ヒル大佐に呼ばれ中国戦線に向かった。そして一九四四年六月に中国派遣第一四航空軍の中佐に昇進し、戦闘機部隊を指揮した。その間みずからもノースアメリカンＰ51Ｃを操縦して日本機一八機（一式戦闘機、四式戦闘機、九九式襲撃機など）を撃墜した。

ハーブストの公式の撃墜記録は一一機となっているが、司令官としての地上勤務に回された後も非公式で出撃し、その間に七機の日本機を撃墜したのだ。

戦後、一九四七年にカリフォルニア州で開催された航空ショーに参加したが、みずから操縦した機体が墜落し不慮の死を遂げている。

ジョージ・Ｅ・プレディー陸軍少佐

一九四一年に陸軍航空隊に入隊したプレディーは戦闘機操縦士となる。しかし彼のパイロット人生は不運の連続であった。戦闘機の訓練中にエンジン不調で胴体着陸し機体は炎上、かろうじて機体から脱出し九死に一生を得る。戦闘機操縦士として太平洋戦線に派遣されたが、哨戒飛行中に乗機のエンジンが発火し機体が爆発、パラシュートで脱出したが海上で漂流することになる。

一九四三年にはヨーロッパ戦線に派遣されたが、乗機のマスタングが地上攻撃中にドイツ軍の対空砲火を受け、苦労の末英仏海峡上空まで飛び続けた後にパラシュートで脱出、イギリス空軍に救助される。

ヨーロッパ戦線での彼の乗機はP51C型からD型に代わったが、この間にドイツ戦闘機二六機を撃墜、これはP51戦闘機パイロットの最高記録である。そして彼は一日にドイツ戦闘機を五機撃墜するという大記録の持ち主でもあった。

そして一九四四年十二月、バルジの戦いの最中に低空で敵戦闘機フォッケウルフFw190二機を追撃し一機を撃墜したが、その直後に味方の対空砲火が彼の機体をドイツ機と間違い撃たれ被弾、低空のために脱出ができず地上に激突し戦死した。最後は味方に撃墜されるというまことに不運な戦闘機操縦士であった。

ジェームス・ジャバラ陸軍少佐

彼はマスタング操縦の経歴は豊富だが、マスタングのエースではない。彼は陸軍航空団に入隊し戦闘機操縦士となるが、第一線への参戦は一九四四年末で乗機はP51D型であったがすでにドイツ戦闘機の影は薄くなっていた。マスタングで一〇八回の出撃を行なったが、得た戦果はわずかに二機で、マスタング・エースにはなれなかった。しかしその後が際立っていたのだ。

戦後も空軍に残った彼はジェット戦闘機パイロットの経験を積み、一九五〇年十二月にノースアメリカンF86ジェット戦闘機部隊の朝鮮戦線出撃とともに朝鮮に派遣される。

彼はこの間にジェット戦闘機パイロットとしては爛熟の域に達し、この戦争の停戦まで第一線でミグＭｉＧ15と空戦を交え、撃墜総数は一五機に達した。この記録は撃墜数第一位のマッコーネル大尉の一六機にわずかにおよばなかったが、ジェット戦闘機パイロットとしては史上二番目の撃墜記録の持ち主となった。

# リパブリックP47サンダーボルト戦闘機

## 重戦闘機サンダーボルトの開発

「サンダーボルト」とは日本語に訳せば「雷電」である。リパブリックP47サンダーボルト戦闘機は、日本海軍の局地戦闘機「雷電」と同じ「猛牛」を連想させる姿と印象の戦闘機で、その戦闘記録もまさに猛牛のごとき活躍をしている。ノースアメリカンP51マスタング戦闘機の軽快な正真正銘ともいえる制空戦闘機と対照的に、強靭な機体と重武装によって地上攻撃機に猛威を振るった恐るべき重戦闘機であったのである。

P47サンダーボルト戦闘機の開発には複雑な経過があった。しかしその前に本機を開発したリパブリック社について語らなければならない。

社会主義革命が進行していた一九一八年のソビエトから、航空機調査団の一行がアメリカを往訪し各種調査を行なっていた。その最中に調査団の一人の空軍少佐がアメリカに亡命したのだ。彼の名はアレキサンダー・セバスキーといった。その後アメリカで事業を起こしたセバスキーは、一九三〇年代に入るとセバスキー・エアクラフト社を設立し、小型航空機の開発を手がけ、その機体の販売を展開した。彼はこのとき同社の代表であると同時に主任設計者でもあったのである。

彼は一九三五年にアメリカ最初の全金属製、片持ち主翼を持つ戦闘機セバスキーSEV－1XPを試作し、アメリカ陸軍航空隊をはじめ諸外国への販売を展開したのであった。アメリカ陸軍航空隊は本機に注目して若干の改良を施すことを提案し、その機体をP35戦闘機として制式採用したのである。P35戦闘機は最大出力一〇五〇馬力のエンジン（プラット&ホイットニ空冷一四気筒）を装備し、最高時速四六八キロを記録した。本機はこの機体の次にアメリカ陸軍航空隊が採用したカーチスP36ホーク戦闘機と同等の性能を発揮していたのである。

しかしP35の発注はわずか七七機で終わってしまった。陸軍航空隊は実績のあるカーチス社のP36戦闘機を次期戦闘機の本命としていたのである。新参の航空機製造会社であったセバスキー社の弱みでもあったのだ。

じつはこのとき日本海軍はP35の母体であるセバスキー2PA－B3を二〇機ほど購入しているのである。本機は複座型で後席に機銃一梃を装備した複座戦闘機として使うことを検討していたのであった。しかし本機は日本海軍の性能評価に合わず、後に朝日新聞社と東京日日新聞社（後の毎日新聞社）に一機ずつが払い下げられ、連絡・通信機として使用された。

セバスキー・エアクラフト社は一九三九年にリパブリック・エビエーション社として再独

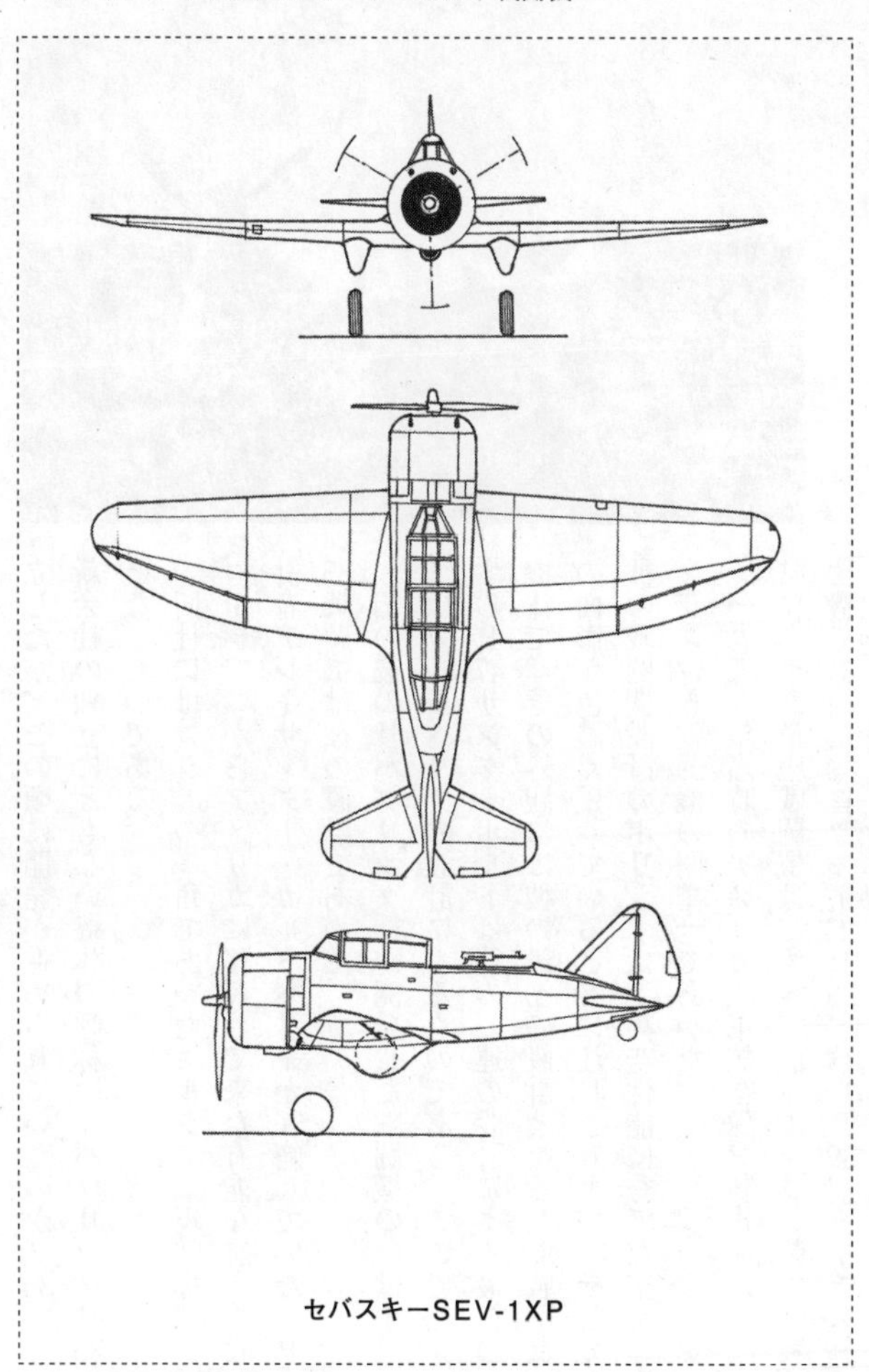

セバスキーSEV-1XP

P35

立したが、この頃に開発が進められていたのがP35で、新会社の独立にともない機体の呼称はリパブリックP35となったのである。

同社にはロシアの一角であったグルジア（現呼称、ジョージア）からアメリカに移民して来た有能な航空機設計者アレキサンダー・カルトベリーが在籍していた。P35戦闘機は彼の設計であった。

その後のリパブリック社が開発した戦闘機のほぼすべてはカルトベリーの設計によるものである。ここで紹介するP47サンダーボルトは彼の一連の設計による最終の機体で、その外観には彼の最初の設計となるP35戦闘機の面影が色濃く残っていることに注目されたい。そして彼の戦闘機設計のポリシーは「高空性能に秀でた空冷エンジン付き戦闘機の開発」であった。

一九三九年当時のアメリカ陸軍航空隊で制式決定の段階にあった単座戦闘機は、すべて液冷エンジン装備の戦闘機であった（ロッキードP38、ベルP39、カーチスP

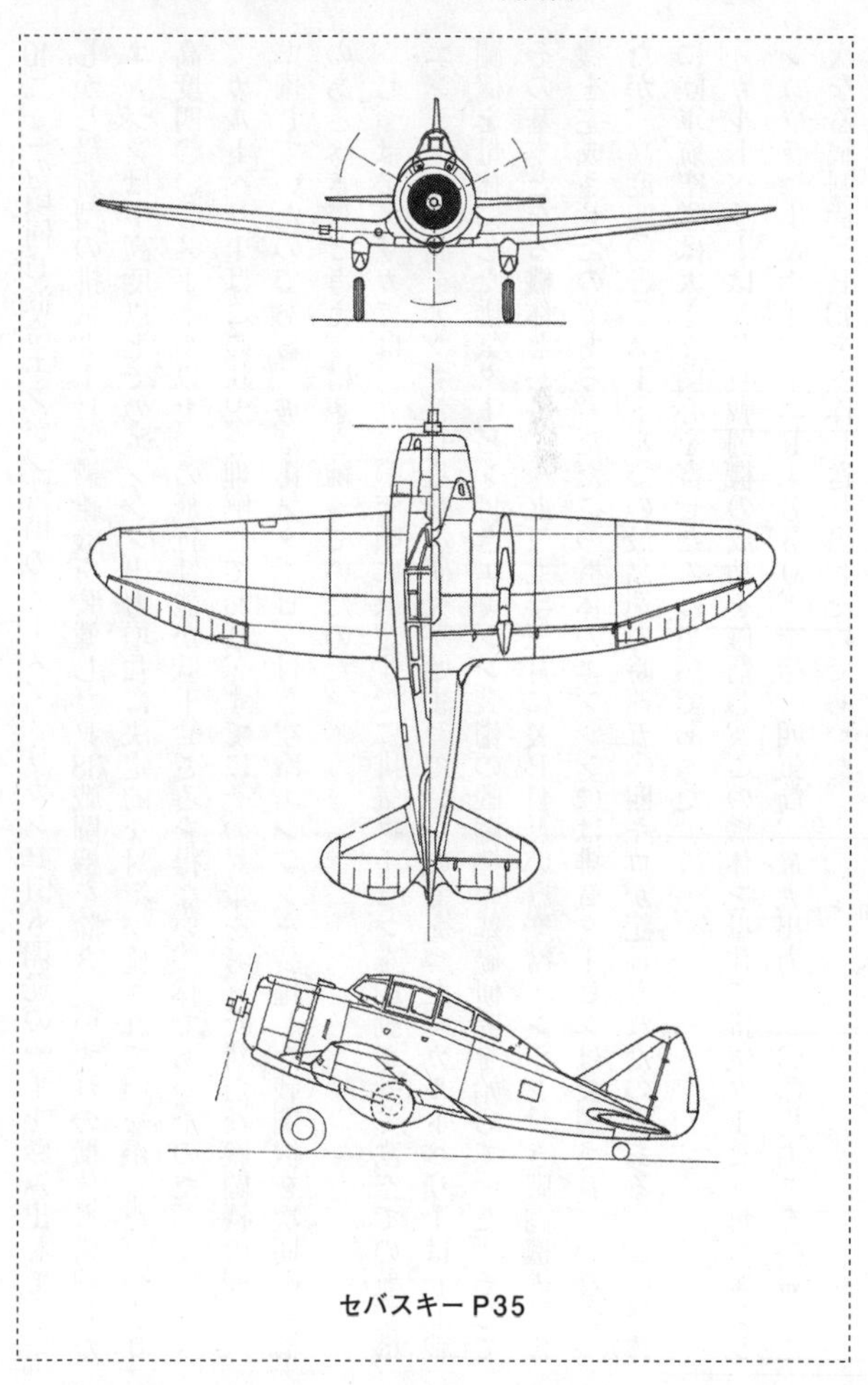

セバスキーP35

40)。この頃同じ液冷エンジン装備のノースアメリカンP51も開発の一歩を踏み出していた。しかし最新型の排気タービン過給機を装備したP38戦闘機を除き、いずれの機体も搭載したエンジンは中高度以上でのエンジン出力増強に決定的な対策が施されていなかった。つまり高度四〇〇〇メートル以上での飛行性能が低下せざるを得ない機体であったのだ。

カルトベリーはこの状況を理解しており、すでにその対策を考えた新たな戦闘機の開発を準備していたのである。彼は排気タービン付き空冷エンジンを装備した戦闘機を次期戦闘機のあるべき姿と考え、構想を練っていたのだ。

じつはアメリカでは一九二〇年頃には、すでに排気タービンを駆動させて高空での航空機エンジンの性能をアップさせる基本研究が始まっていたのであった。カルトベリーはP35戦闘機を母体にした排気タービン付きエンジン装備の戦闘機の基礎研究を始めていた。そしてその基本となる機体として、一九三九年三月にXP41という空冷エンジン付き戦闘機の試作機を完成させたのである。ただこの機体のエンジンには排気タービンは装備されていなかったが、高度四〇〇〇メートルでの最高速力時速五〇四キロが記録されたのである。この機体に陸軍航空隊は大きな関心を寄せたのは当然であった。

カルトベリーはXP41戦闘機の成功を確信し、この機体を母体に排気タービン付きエンジン（プラット&ホイットニR1830、空冷一四気筒、最大出力一二〇〇馬力）を搭載した、次なる戦闘機YP43を試作し送り出したのであった。

（注）アメリカ陸軍航空軍、その後進のアメリカ空軍では、試作機の機体記号・番号の前に、試作機であればＸ、増加試作機の場合にはＹの記号が付せられる。この場合、アメリカ陸軍航空軍はすでに完成していたＸＰ41試作戦闘機の性能を評価しており、その性能向上型のＰ43には量産を前提とした増加試作機体の製造を求め、ＸなしのＹＰ43の呼称があてがわれたと考えるのが妥当のようである。

ＹＰ43は直ちに一三機が製造され、アメリカ陸軍航空隊に送り込まれて実用評価試験が行なわれた。その結果、ＹＰ43は前作のＸＰ41を大きくしのぐ性能を発揮したのである。本機のエンジンは排気タービン付きのプラット＆ホイットニＲ１８３０－57（高度七六三〇メートルでの最大出力一二〇〇馬力）を装備し、最高速力は高度六一〇〇メートルで時速五七四キロを発揮したのだ。カーチスＰ40が高度五〇〇〇メートルで時速五五〇キロル、ベルＰ39が高度六〇〇〇メートルで時速五三〇キロであったのと比較し、大きな格差となったのだ。また実用上昇限度はＰ40の九〇五〇メートルに対し、ＹＰ43は一万九〇〇メートルに達した。まさに排気タービン付きエンジンの勝利であったのだ。

本機の外観はＰ35やＰ42と酷似したスタイルで、それはセバスキーからリパブリックへと受け継がれた特異なスタイルとなった。Ｐ43ではその独特な姿が一段と強調されていた。それは特異な太さを持つ胴体に代表されていたのだ。この胴体の中には排気タービンに関係するすべての装置が押し込まれていたのである。XP43こそ後のP47の基本型であったといえるのである。

本機はアメリカ陸軍航空隊が手にした最初の排気タービン装備の空冷エンジンを装備した制式単発戦闘機となったのである。本機は一九四二年三月までに合計二七二機が生産された。そしてその中の一〇八機が中国空軍に送り込まれることになり、残りは航空隊内で訓練機や試験機として運用され、戦闘配置についた機体はなかった。

（注）中国にわたった機体は、まずインドに運ばれ、空路で中国西南部の昆明や成都へ送り込まれることになっていた。しかしその実態については不明なところがあり、どれほどの機体が中国に到着したか確証はない（一説には五五機）。ただ一九四三年四月ころに四四機のP43が中国空軍に在籍していたという記録もあるが、本機が日本の戦闘機と空戦を交えたという明確な記録は残っていない。

制式採用され実用に向けての試験飛行は続けられたが、陸軍航空軍のP43に対する総合評価は低かった。その第一の理由は期待していた排気タービンに不調が多発したことであった。アメリカでは排気タービンの研究はこの時点ですでに二〇年も続けられていたが、高温排気ガスの環境の中で駆動するタービンブレードの材質や回転軸への固定方法、さらに同じ環境の中で駆動するベアリングの材質などについて、また高い比率で圧縮された空気の温度を下げるためのインタークーラーの構造や材質など、まだ多くの解決すべき問題が山積していたのである。

ここで本機に搭載された排気タービンについて若干の説明を加えておきたい。排気タービン過給機（ターボチャージャー）は、酸素含有濃度が低くなる高空においても、ピストンエンジンの能力を高い酸素濃度の低空に近い状態に保たせるためのエンジンの付加装置である。エンジン・シリンダーの気化器に送り込む空気は、機首の空気取入口からすぐに高速で回転するタービン内に送り込まれる。このタービンは高温高速となったエンジンの排気ガスによって高速回転されるのである。タービンの回転により圧縮された空気の濃度は圧縮のために単位体積あたりの酸素濃度は高くなるのだ。しかしこの圧縮された空気は高温となり、そのままエンジン気化器からピストン内に入れば、ピストン内で十分に圧縮される前に爆発し、シリンダー圧力は極端に低下してしまうのである。そこで高圧に圧縮された空気はいったん中間冷却器を通し、温度を下げてから気化器に送り込まれるのである。

高空でも低地並みの高い酸素濃度を得るための装置には、排気タービン式の空気圧縮装置を使わなくとも、スピットファイア戦闘機やＰ51マスタング戦闘機に搭載されたロールスロイス・マーリン61あるいはパッカード・マーリン61エンジンのように、二段二速式過給器を使う方法もあるが、これはタービンを回転する力は自身のエンジンの回転力の一部を使うものであり（機械式タービン過給機と呼ばれる）、エネルギーの効率的な使い方ではない。つ

P43

まり機械式空気圧縮方式は、無駄に捨てられる排気ガスのエネルギーを有効に使う排気タービン方式に比較し、効率的に劣るものとなるのである。
P43の量産が決まった時点で、カルトベリーは同じく排気タービン付き空冷エンジンを装備したP43よりも高性能で強力な戦闘機XP44の開発を進めていた。そしてこの作業を続けているかたわら、彼はより強力な戦闘機XP47の開発も同時進行で行なっていたのであった。XP44はP43よりエンジン出力を強化した機体であり、XP47はこの両機よりも機体を大型化した戦闘機であった(このXP47についての資料は乏しく、詳細が不明なところが多い)。
しかし第二次大戦が勃発後しばらく経過したときにイギリスからもたらされた情報では、ドイツ空軍の第一線戦闘機のメッサーシュミットMe109Eは予想以上の高性能の機体で、現在試作を進めているXP44やXP47、あるいはすでに登場しているP43では太刀打ちできない、

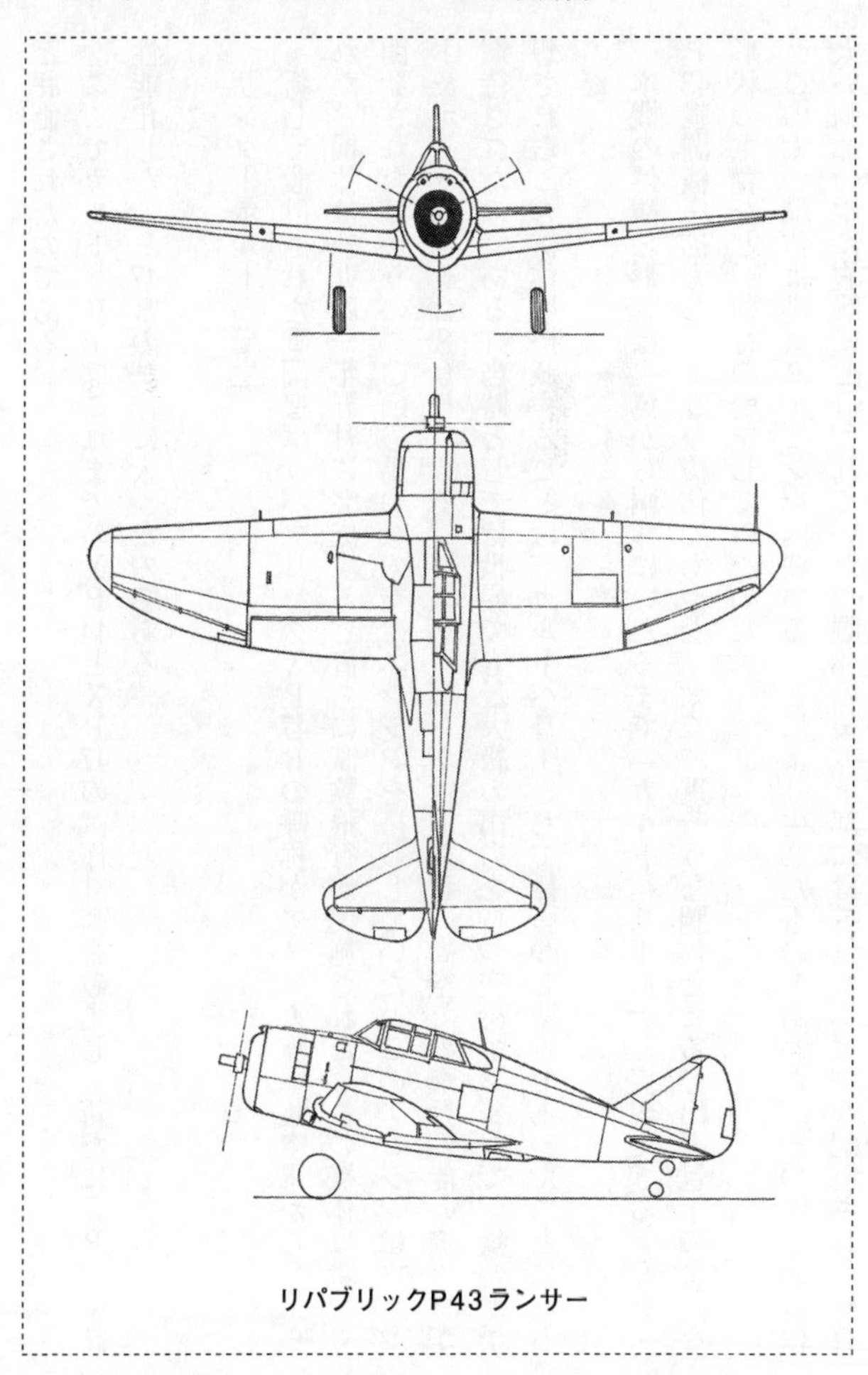

リパブリックP43ランサー

と評価されたのである。

ここでカルトベリーはこれまでのXP44とXP47の試作計画を破棄し、新たにXP47を高性能化したXP47Bの試作に入ったのである。

## サンダーボルトの誕生

新しく設計された戦闘機はリパブリックXP47Bの呼称がアメリカ陸軍航空軍から与えられた。機体は一九四一年五月に完成すると直ちに試験飛行が実施された。この機体は新しく開発されたばかりの二〇〇〇馬力級の空冷エンジンを搭載していた。このエンジンはプラット&ホイットニR2800－67で、排気タービンが付加され、高空での飛行性能のアップが期待されたのである。当時としては世界でも最大級の出力を持つ空冷エンジンで、量産が予想されるこの機体に搭載することは、カルトベリーとしては一つの賭けであったことになるのだ。

本機の外観・形状は主翼から胴体にいたるまで「カルトベリー形」と表現できるような、P43戦闘機を拡大したような機体であった。太くて重そうな胴体とまるで出刃包丁のような形状の主翼など、独特の姿をしていたのだ。

この太い胴体は排気タービンを内蔵することにより生じたものであった。その関連装置は太い胴体の中に複雑に配置されていた。胴体の後方下部には排気タービンが配置され、機首のエンジン下部に開いた空気導入口からは、エンジン・シリンダー気化器への空気導入ダクトと排気タービンへの空気導入ダクトが操縦席の下に配置され、排気タービンから出た高温・高圧空気のキャブレターへ向かうダクト、そしてそのダクトの途中に設けられた中間冷却器が操縦席の側面を通りエンジンに向かっている。さらに排気タービンを駆動するエンジン排気ガスのダクトが操縦席の両側下を通り排気タービンに導かれ、排気タービンから排出された空気は胴体の後方下部の排出口から機外に排出されるようになっていたのだ。

この様々なダクトで一杯の胴体内には燃料タンクも配置しなければならなかったのである。事実本機の燃料タンクは操縦席とエンジンの間と操縦席の下方に一体化して配置されたが、同機の燃料タンクは後のＤ型まで主翼内には配置されていなかった。主翼内側は八梃の機関銃とその弾薬、さらに太い機体を支える大型の主脚の収容場所として一杯であったのである。

このような構造のためにＸＰ47Ｂの胴体は必然的に太くならざるを得なかったのである。そしてこの複雑な胴体内の配置のために本機の主翼は低翼配置にすることができず、必然的に低翼気味の中翼型式をとらざるを得なくなったのだ。

ここにさらなる問題が起きたのであった。二〇〇〇馬力という強力なエンジンの出力を吸収するために、本機には大直径のプロペラを装備しなければならなかった。しかし主翼の配置を中低翼型式を採用したために、機体が離陸滑走するさいに滑走路と水平の位置関係になったとき、プロペラが滑走路と接触する可能性が大きくなったのである。この問題を解決するために本機の主脚の主柱は接地時には二三センチ伸びる仕掛けが施され、主脚を主翼内に収容するときにはそれが縮むようになっていたのである。

本機の武装は強力であった。両主翼内にはそれぞれ四梃の一二・七ミリ機関銃が配置され、各機関銃には四二五発の弾丸が装塡されるようになっていた。つまり本機は八梃の機関銃で三四〇〇発の銃弾を発射するという、第二次大戦中に現われた各種戦闘機の中では最も強力な武装の戦闘機といえたのである。本機が空中戦を展開したときには、一秒間に少なくとも八〇発の弾丸を発射できたのであった。

本機は胴体内に容量一一五五リットル（ドラム缶約五本分）の燃料が搭載できたが、大出力エンジンの燃料消費量は多く、機体内燃料タンクのみを使った場合の航続距離は一二〇〇キロが限界であった。これが後に本機の大きな欠点ともなったのである。

XP47Bは試験飛行に成功し、テストパイロットと陸軍航空隊の評価も高く、直ちにロッキードP38、ベルP39、カーチスP40戦闘機に次ぐ制空戦闘機として量産化が検討されたのである。

但しヨーロッパ戦線でのイギリス空軍のこれら三機種に対する評価は低かった。P39とP40は中高度以上でのエンジン出力の急速な低下にともない、中高度以上でのドイツ戦闘機との空戦が極めて不利であること、またP38は排気タービン装備の機体であるために、中高度以上でのドイツ戦闘機との性能については大きな問題はなかったが、制空戦闘機としては大型に過ぎ、俊敏な操作が可能なドイツ戦闘機とは不利な空戦を強いられることが欠点となっていたのである。

アメリカ陸軍航空隊がＸＰ47Ｂに期待したことは、戦闘機としての運動性にあった。そしてテストパイロットの評価からも、本機は重量級戦闘機ではあるが強力なエンジンにより運動性は劣るものではなく、機体の印象とは裏腹に操縦性はＰ38に比較して格段に軽快であったとされたのである。

ただ本機の欠点らしいものといえば、機体が重いだけに離陸滑走距離がＰ39やＰ40に比べて長くなり、二機種の三〇〇～四〇〇メートルに対し一〇〇〇メートル程度は必要であり、戦場での滑走路の建設に手間がかかるということであった。

陸軍航空隊は本機の一七一機の量産をリパブリック社に命じたのだ。そして一九四二年年五月に量産第一号機の引き渡しが行なわれた。

本機が配備された戦闘機部隊は第56戦闘機大隊であった。この部隊は新型戦闘機が実戦に適合できるか否かを評価する部隊であった。多数の量産型Ｐ47Ｂ型をテストした結果、出された評価は、「本機体は実戦用戦闘機として適合する。但しいくつかの改良を必要とする」というものであった。

指摘された改良点はつぎのとおりであった。

一、主翼エルロンと尾翼の動翼に採用されている羽布張構造を金属構造にすること。
二、操縦席直後に配置されているアンテナ支柱の変更（搭乗員の緊急時のベイルアウトに際し、現在の形状は障害になる）。
三、排気タービンの制御機構の一部改善。

リパブリック社は直ちに指摘された問題の改修を実施し、改良された機体をP47Cとして提示したのである。

陸軍航空軍はこの機体に及第点を与え、六〇二機の量産を命じ、実戦配備の用意が始まったのである。ただこのC型のエンジンには改良が施されていた。それは緊急時の短時間出力を二三〇〇馬力にすることを可能にするために、エンジン気化器への水メタノール噴射を可能にしたのである。この装置は空戦時の退避や追跡時のごく短時間の速力アップを可能にするものであった。

P47Cサンダーボルトを装備した飛行中隊の一部が一九四三年十二月にイギリス本国に送り込まれ、直ちに実戦配備についた。これら部隊にはB17やB24爆撃機のドイツ本土空襲の援護戦闘機としての任務が与えられたが、その行動半径はイギリス本国基地からの最大で五〇〇キロまでであり、それ以上の援護は時期を同じくして登場した長距離戦闘機P51マスタングが行なうことになったのである。

(上)P47B、(下)P47C

量産されたP47Cはアメリカ本国の多くの戦闘機中隊に配備されたが、これら飛行中隊にはその後つぎに現われる実戦向けP47の最優秀型となったD型が配置され、ヨーロッパ戦線に送り出されたのだ。

P47Cは結果的にはアメリカ国内での訓練に多用される機体となったのである。

### D型の登場

P47D型はサンダーボルト戦闘機の代表ともいえる機体であった。そしてこの機体は一九四三年の後半から、ヨーロッパ戦線とアジア・太平洋戦線のアメリカ陸軍航空軍の主力戦闘機として大量に戦場に送り込まれたのである。

ただ本機の任務はヨーロッパ戦線では本来の高空での制空戦闘機というよりも、その頑強で重装備の特徴を生かした対地攻撃機として猛威を振るうことになり、一方のアジア・太平洋戦線では、本機は中高度以下での日本戦闘機との空戦や、ヨーロッパ戦線と同じく地上攻撃機として多用されることになったのであった。

P47CとP47D型の違いは基本的には大きな違いはない。ただヨーロッパ戦線に投入した結果小改良が要求され、それらを施し大量生産されたのがD型であるといえるのである。つまり初期生産型のD型はC型と変わるところがないのだ。

アメリカ陸軍航空軍はほぼ同時期に第一線に投入されたP51B、C、D型とP47D型を第二次大戦のアメリカ陸軍航空軍の主力戦闘機として位置づけ、大量生産を行ない、それらを装備した戦闘機部隊の増備を急いだのであった。

D型の生産はリパブリック社のロングアイランド州ファミングデール工場で開始したが、引き続く量産命令に応えるために、インディアナ州のエヴァンスヴィルに新工場を建設し量産を開始した。

さらにその後の量産命令に対し生産能力を超えたためにカーチス社に応援を求め、同社のニューヨーク州のバッファロー工場も動員することになったのである。

ただカーチス社で生産されたD型はP47G型と呼称され、その生産量は三〇〇機台であり、そのほとんどの機体はアメリカ国内の戦闘機錬成部隊に送り込まれ、実戦に投入されたものはないのである。

なおP47Dに施された小改良とはつぎのようなものであった。

一、エンジンオイルの油圧システムの改良。
二、操縦席キャビン周りの小改良。
三、操縦席前部への防弾ガラスの追加。
四、操縦席背面の防弾板の追加。
五、エンジンカウルフラップの追加（出撃準備中に地上で多発していたエンジンのオーバーヒートの対策）。

D型は実戦に投入されることにより各戦線から次々と改善の要望が送られてきた。それらのほとんどは基本的な機体の改造を必要とするものではなく、必要に応じた小改造の程度で、送り出されるD型には次々とその改修を組み入れることにしたのだ。

それらの中でもとくに改良を求める声が大きかったものはつぎのようなことであった。

一、航続距離の伸長のために胴体下部と両主翼下部へ投下式燃料補助タンク取り付け装置の装備。

二、操縦席風防を緊急脱出時に備えて飛散可能にすること。

三、主翼へのエアブレーキの増設（急降下爆撃時に使用）。

四、操縦席風防のさらなる視界改善。

五、胴体内燃料槽のさらなる拡大。

六、オイル・油圧系統システムのさらなる機能改善。

これらのすべてを改修することは困難であったが、この中の操縦席視界の改善と航続距離の伸長のための装備は最重点項目として改良対策が打ち出されることになった。

P47D型の初期のタイプまではコックピット背後とその直後の胴体とは一体構造のいわゆるレイザーバック式となっていたために、後方視界不良の問題の解決のための暫定的な解決策として、フードをそれまでの平面的な構造からスピットファイア戦闘機型の丸みを帯びたマルコム式フードに置き換えることを試み、一部の機体で実施された。

（上）レイザーバック式フードのＰ47Ｄ、（下）バブル式フードのＰ47Ｄ

しかしＰ47はＰ51に比べ胴体が太く、現地で一部の機体に特注のＰ47用の大型のマルコム式フードを取り付けてテストはしたが、大きな効果にはいたらず改めて抜本的な改善策を施すことになったのであった。

その方策は、Ｐ51の場合とまったく同様に、イギリス空軍のホーカー・タイフーン戦闘機の全周視界式のバブル式フードを取り付けることにしたのである。その結果、後方視界不良の問題は一気に解決することになったのであった。

そこでパブリック社は増産中のＰ47戦闘機のすべてのフード

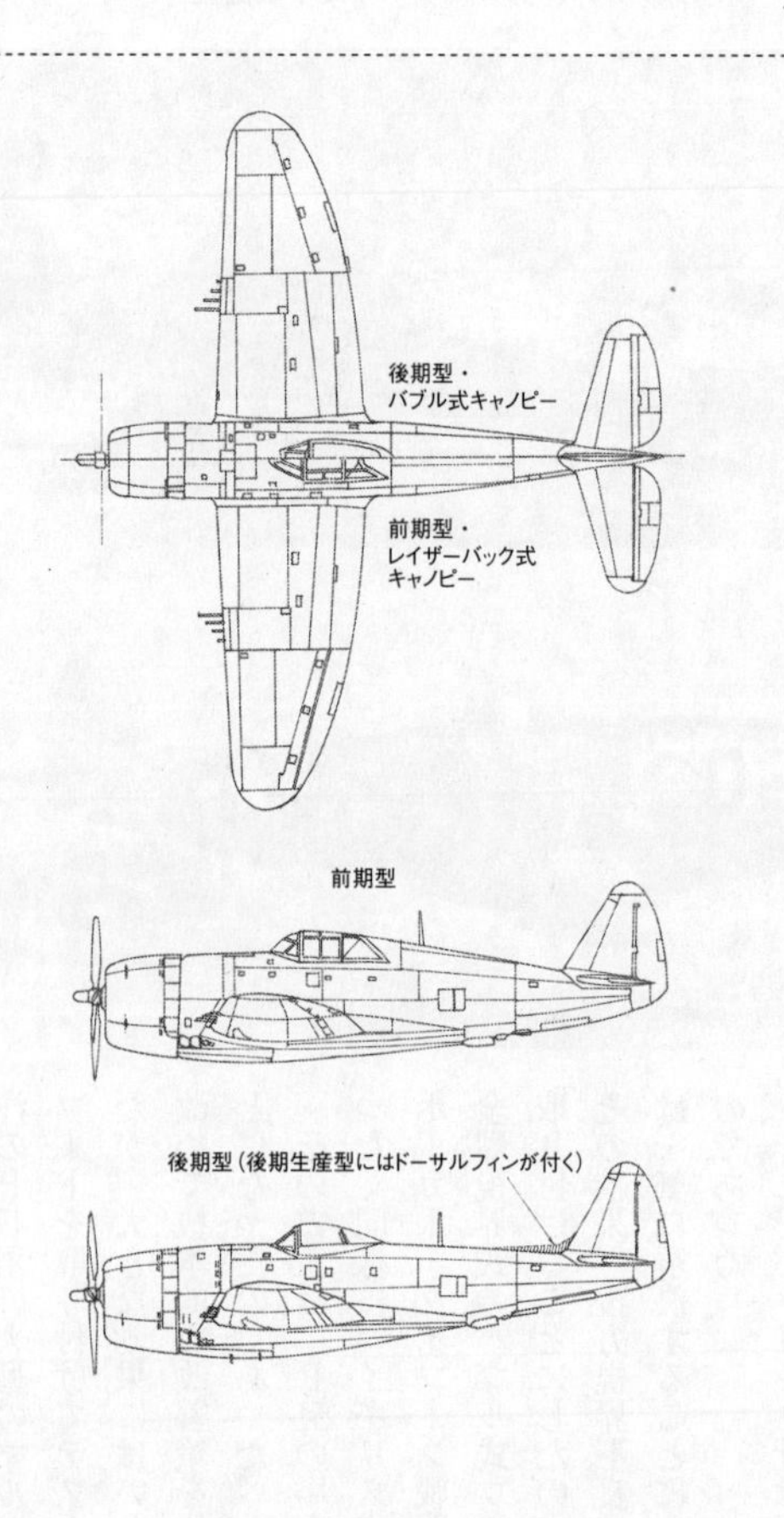


リパブリックP47Dサンダーボルト 前期後期比較

# 117　リパブリックＰ 47サンダーボルト戦闘機

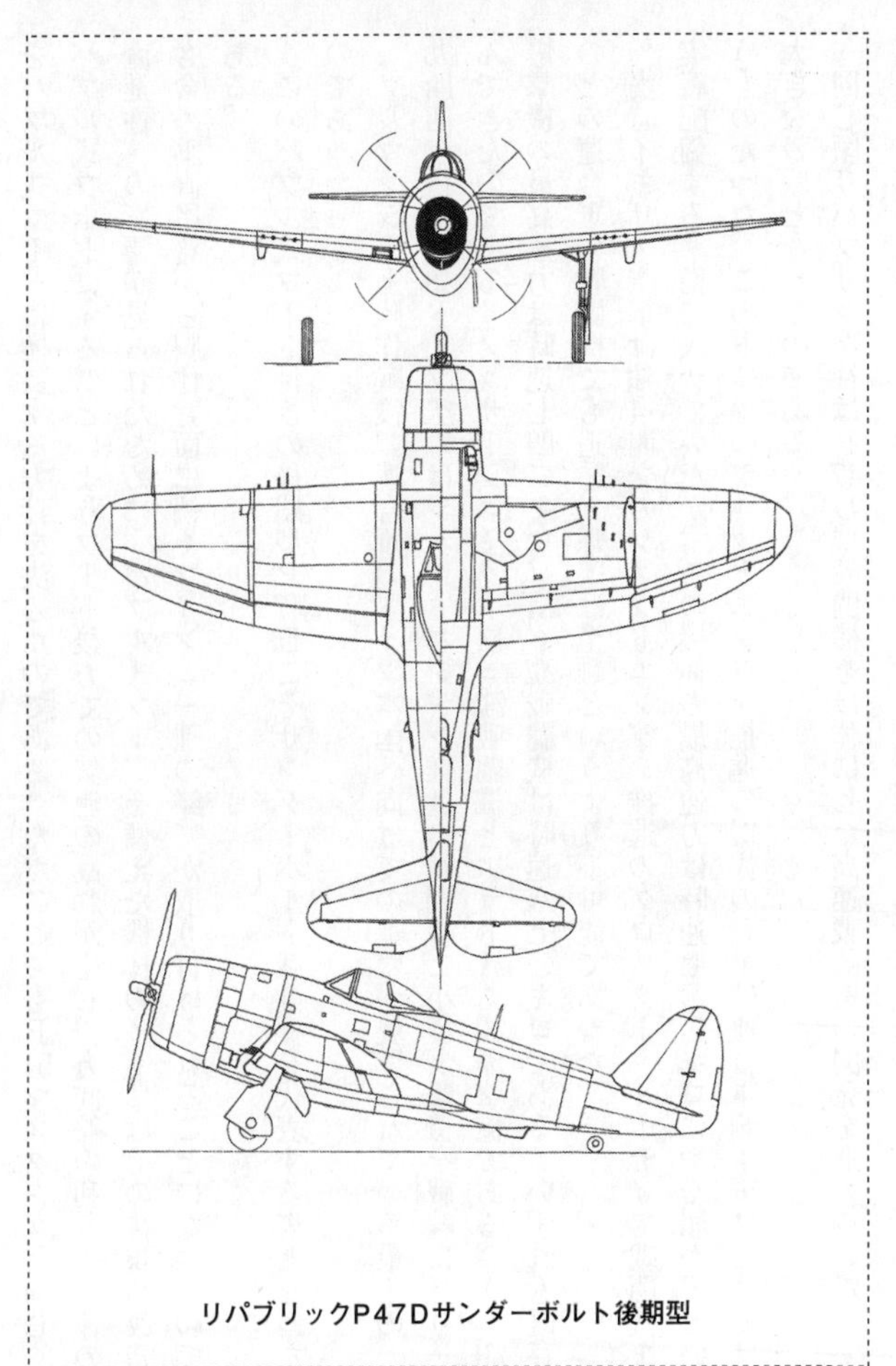

リパブリックP47Dサンダーボルト後期型

をバブル式フードに換装する方針を決めたのである。ただここでもP51マスタングと同じく、バブル式フードにすることによりフード後方での気流の乱れが生じ、方向舵の利きや機体の直進性への影響が見られたために、バブル式フードを備えた機体の多くにはその後現地改造も含め垂直尾翼から胴体背面に続くフィン（一種の鰭）が取り付けられることになったのである。

このバブル式フード付きの後期型P47Dこそサンダーボルト戦闘機を代表する姿となったのであった。

ノルマンジー上陸作戦後、連合軍のドイツ本国へ向けての進撃が展開されている最中の一九四四年秋、突如ドイツ空軍はジェットエンジン推進の戦闘機と小型爆撃機を戦線に送り込んできたのである。メッサーシュミットMe262戦闘機とアラドAr234爆撃機である。Ar234爆撃機の最高速力は時速七四二キロ、Me262戦闘機は時速八七〇キロである。いずれも既存のどの連合軍の戦闘機でも追跡・撃墜は至難というより不可能であった。

当時イギリス空軍は独自開発のジェットエンジン推進のグロスター・ミーティア戦闘機を実戦配備する準備に入っていたが、この機体の最高速力は時速七〇〇キロにやや届かずというものだった。このドイツのジェットエンジン推進の機体の登場は連合軍側空軍にとっては大きな脅威となったのである。

同じ頃リパブリック社はP47D型戦闘機を母体にした高速戦闘機の開発を進めていたので

ある。その一つが後述するXP47Jであった。しかしこの戦闘機の完成と実戦配備は先のことであるために、このJ型と同じ強力なエンジンをD型の機体に搭載した高速戦闘機を急ぎ開発したのだ。それがM型であった。

このM型は最高時速七五六キロを発揮した。ドイツ空軍のジェット戦闘機とまともに空中戦は展開できないであろうが、迎撃態勢はとれるものとして合計一三〇機を生産しヨーロッパ戦線に送り込んだのである。

しかしM型が戦線に到着し作戦を開始したのは一九四五年一月で、もはや少数のジェット戦闘機や爆撃機の存在が連合軍側に大きな障害となることはなく、ある程度の活躍をしたところで戦争は終結したのだ。それでもM型は数機のドイツ軍ジェット機を撃墜する戦果を挙げている。

サンダーボルトの決定版N型の登場

航続距離を伸ばすことはP47戦闘機に与えられた最も必要な課題であったが、本機の構造上、機体内にさらなる燃料タンクを設けることはもはや不可能であった。したがって落下式補助燃料タンクをより多く搭載することは、本機に残された暫定的に航続距離伸長の唯一の改善策で、それまでなされていなかった両主翼下へ補助燃料タンクの装備機能を付加することが直ちに実行されたのだ。

この改良によってD型にいたってP47戦闘機の航続力に対する対策はすべて実行されたが、その結果、本機の航続距離は一六〇〇キロまで伸長したのだ。これは空戦時間を入れた場合、イギリス本土の基地からの行動半径は六〇〇キロまで延長されることになるのだ。そしてこの距離はドイツ中西部の多くの範囲まで到達できることを意味していたのである。

しかしこの程度の航続距離の伸長は、アメリカ陸軍航空軍の爆撃機航空団の重爆撃機の全行程を援護するにはまだ不十分なものであった。結局本機に課せられた制空戦闘機としての任務には限界が生じ、重爆撃機群の援護を行なう場合にはドイツ国境付近までが限界で、それ以上は途中で追いついてくる、より航続距離の長いP51マスタング戦闘機と任務を交代するしかなかった。

本機がせっかく高空用エンジンを装備しながら、本来高空での制空戦闘の目的を十分に果たすことができなかったことは、本機が持つ最大の問題かつ矛盾となったのであった。P47戦闘機の航続力不足の問題が完全に解消されるのは、本機の最終型であるN型の登場を待たざるを得なかったのである。

しかし本機が排気タービン付きの強力なエンジンを装備し、優れた高空性能を持っていながらその能力を十分に発揮できなかったこととはまったく裏腹に、ヨーロッパ戦線を中心に本機にはその強靭な機体強度と搭載能力、そして圧倒的な銃撃力を活かした低空での戦闘攻撃機の任務を与えられるという、本機にとってはまったく不本意な任務が待っていたのである。そしてとくにノルマンジー上陸作戦以後、西部戦線ではイギリス空軍のホーカー・タイフーン戦闘機と同様、本機は「低空を活動舞台とする」恐るべき戦闘攻撃機として活躍することになったのである。

サンダーボルトＤ型はノースアメリカンＰ51マスタングとともに、第二次大戦後半からアメリカ陸軍航空軍の二大主力戦闘機としての活躍が展開された。しかしサンダーボルトに最後までつきまとった問題は航続力の不足であった。

これに対しカルトベリーは思い切った対策を打ち出したのである。それはＤ型の主翼を延長し、そこに燃料タンクを配置するというアイディアであった。この改良はＤ型の基本性能に大きな影響を与えることはないと判断され、直ちに改造機体の試作に入った。

Ｄ型の主翼付け根付近でそれぞれの主翼が二七センチ延長された。この主翼の延長部分と付近の構造を利用し、両翼内にそれぞれ容量三七一リットル（合計七四二リットル）の燃料タンクを増設したのである。この改造により翼幅は五四センチ長くなったが、飛行性能には何の影響も与えることはなかったのだ。そして主脚のトレッド（主脚柱間の幅）も延長され、離着陸時の安定感を増すことになった。

この新しい燃料タンクの増設によって、これまでのＤ型の機内燃料タンクのみでの航続距離九四九キロが、一気に一三五二キロに伸びたのである。さらに主翼両側の外翼下に新たなハードポイントを設け、ここにそれぞれ三〇〇または四〇〇リットル入りの投下式増加燃料

P47N

タンクの搭載も可能になった。投下式増加燃料タンクを搭載した場合のD型の最大航続距離が一六五八キロだったのに対し、N型では三二一九キロに達し、大幅な伸びを示すことになったのであった。

サンダーボルトN型はノースアメリカンP51B、C、D型とともに、長距離援護戦闘機の地位を確保したことになったのである。

なおN型の翼長が左右それぞれ二七センチ延長されたことを利用し、D型までのサンダーボルトの主翼の特徴であった「出刃包丁」式主翼先端の形状は角形に成形され、それにともない主翼の平面形も曲線の少ない形状に変わっている。

また本機の外翼に設けられたハードポイントには、片側それぞれに最大四五四キロの爆弾、さらに両主翼には合計一〇発の五インチロケット弾の搭載も可能になったのである。これにともないN型は長距離援護戦闘機としてばかりでなく、軽爆撃機並みの攻撃力を持つ恐ろしい戦闘爆撃機に変身できるようになったのである。

123　リパブリックP 47 サンダーボルト戦闘機

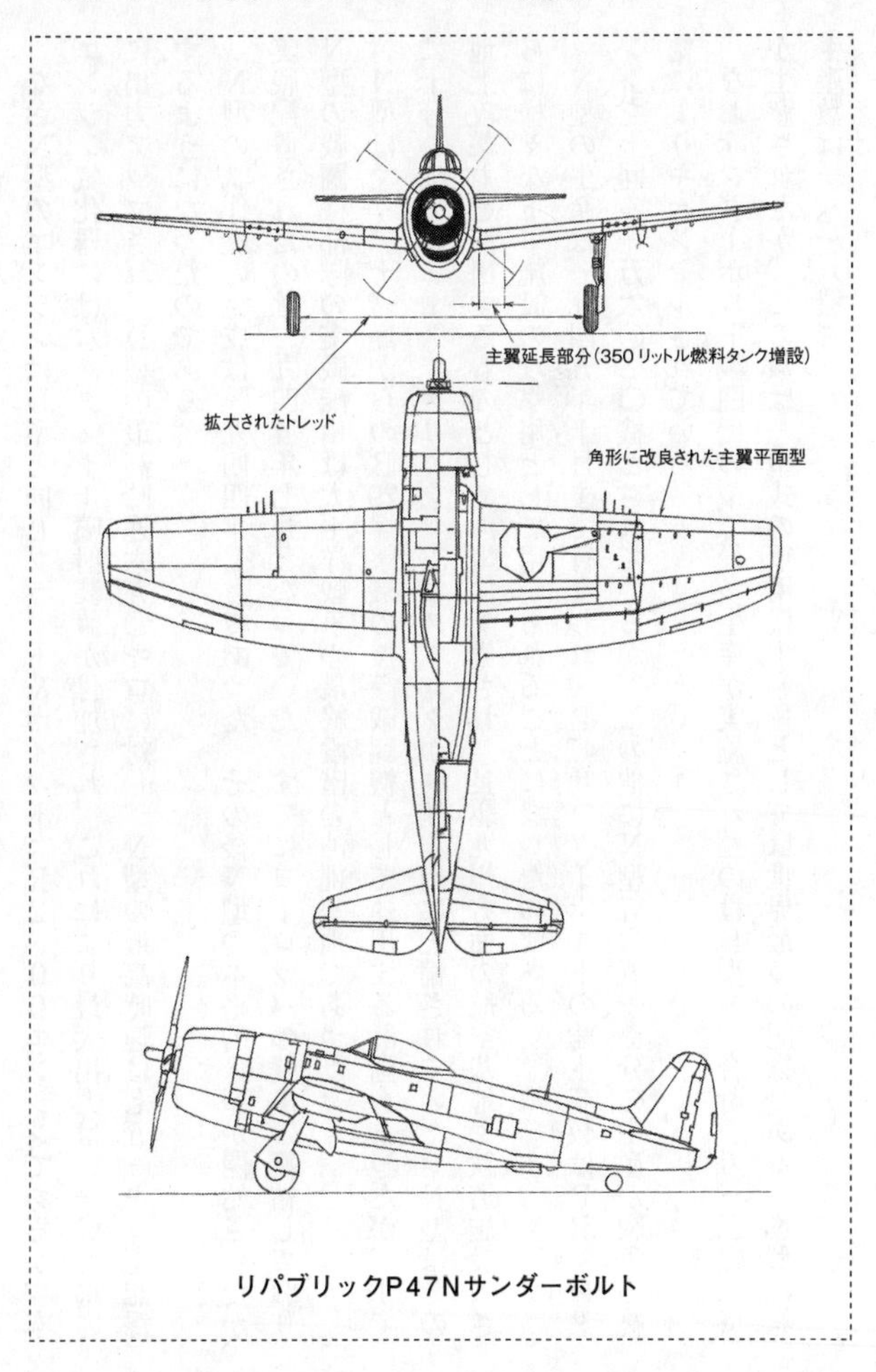

リパブリックP47Nサンダーボルト

なおN型のエンジンはD型と同じプラット&ホイットニR2800エンジンであるが、本エンジン気化器には水メタノール噴射装置が付加され、これにより最大出力は二一〇〇馬力に出力アップされ、D型の最高時速六九〇キロに対し、N型の最高時速は七五一キロを記録するようになったのである。

N型の試作機の完成は一九四四年七月であった。その後N型の本格的量産が開始されたが、N型の戦闘機部隊の実戦配備は太平洋戦争の最終段階の沖縄基地であった。

実戦配置されたのは一九四五年七月となっていた。すでにヨーロッパの戦争は終結しており、N型はマリアナ諸島からのB29爆撃機の援護戦闘機として運用する計画もあったが、すでに十分な戦力のノースアメリカンP51マスタングが同任務用に配備されていた。N型はその地上攻撃力を活用するものとして沖縄に配備され、長駆九州方面の航空基地や鉄道施設、さらに様々な軍事施設の攻撃用として用いられることになったのである。

N型の生産は一九四五年十月まで行なわれ、P47サンダーボルトの総生産数はP51マスタングを上回る一万六〇二〇機とされているが、この他にN型五〇五一機分の生産が戦争の終結によりキャンセルされている。

なおサンダーボルト戦闘機の中で最多生産が実施されたのはD型で、合計一万三三〇二機が生産されたが、この数は一型式の軍用機生産量としては世界最多の記録である（N型の総生産数は一八一六機）。

### サンダーボルトの派生型

Ｐ47サンダーボルト戦闘機はその性能の改善計画の中で、二種類の異質な機体が試作されている。その一つがＸＰ47Ｈ型である。この機体はＰ47のさらなる速力アップを目的に試作された機体であるが、装備されたエンジンに特徴があった。搭載されたエンジンは、クライスラー社（三大乗用車メーカーの一つ）が開発した液冷エンジンであり、その構造はＶ一六気筒という、航空機用液冷エンジンとしては過去に例を見ない際立った特徴のあるエンジンであった。

航空機用の大馬力の液冷エンジンは、一般的には六気筒エンジンをＶ字形に配置し、一二気筒として一本のプロペラシャフトを回転させる方法である。さらなる大馬力を発生させる液冷エンジンとしては、二台のＶ一二気筒エンジンを互いに逆にＸ形に配置して一本のシャフトを回転する二四気筒エンジン（ロールスロイス・バルチャーエンジン）、対向一二気筒エンジンをＨ形に二段重ねにして中央の一本のシャフトを回転する二四気筒（ネピア・セイバーエンジン）、倒立Ｖ一二気筒エンジンをＭ字形に横に並べて一本のシャフトを回転させる方式（ダイムラー・ベンツＤＢ610）などがある。しかしこれらの特殊な配列のエンジンはいずれも二台のエンジンの回転を同調させて一本のシャフトを回転させるという複雑な機構を必要とし、実用化が難しいのである。

XP47H

しかしV一六気筒エンジンはV一二気筒エンジンの延長型であり、一本のエンジンシャフトを回すという容易さはある。しかしエンジンシャフトの伸長により全長が長くなり、航空機用液冷エンジンとしては扱いにくいエンジンとなりかねず、一般的ではないのであった。

しかしクライスラー社はあえてこの難題に取り組み完成させたのである。このエンジンはクライスラー液冷V一六気筒XⅣ2220-11と称し、最大出力は二五〇〇馬力であった。

このエンジンはP47D型に搭載されることになったが、液冷エンジン搭載のために機首付近の外観が大きく変貌することになった。新エンジンの搭載のために操縦席前部の隔壁から前を取り払い、新たに全長の長い液冷エンジン搭載用の架台を特設した。このために機首は母体となったD型より機首部分が六七センチ延長され、先細りの液冷エンジン機の姿となったのだ。そして気化器などへの空気取入口は機首後方の胴体下部に配置された。完成したH型はD型とはまったく違う印象の機体に変貌していた。

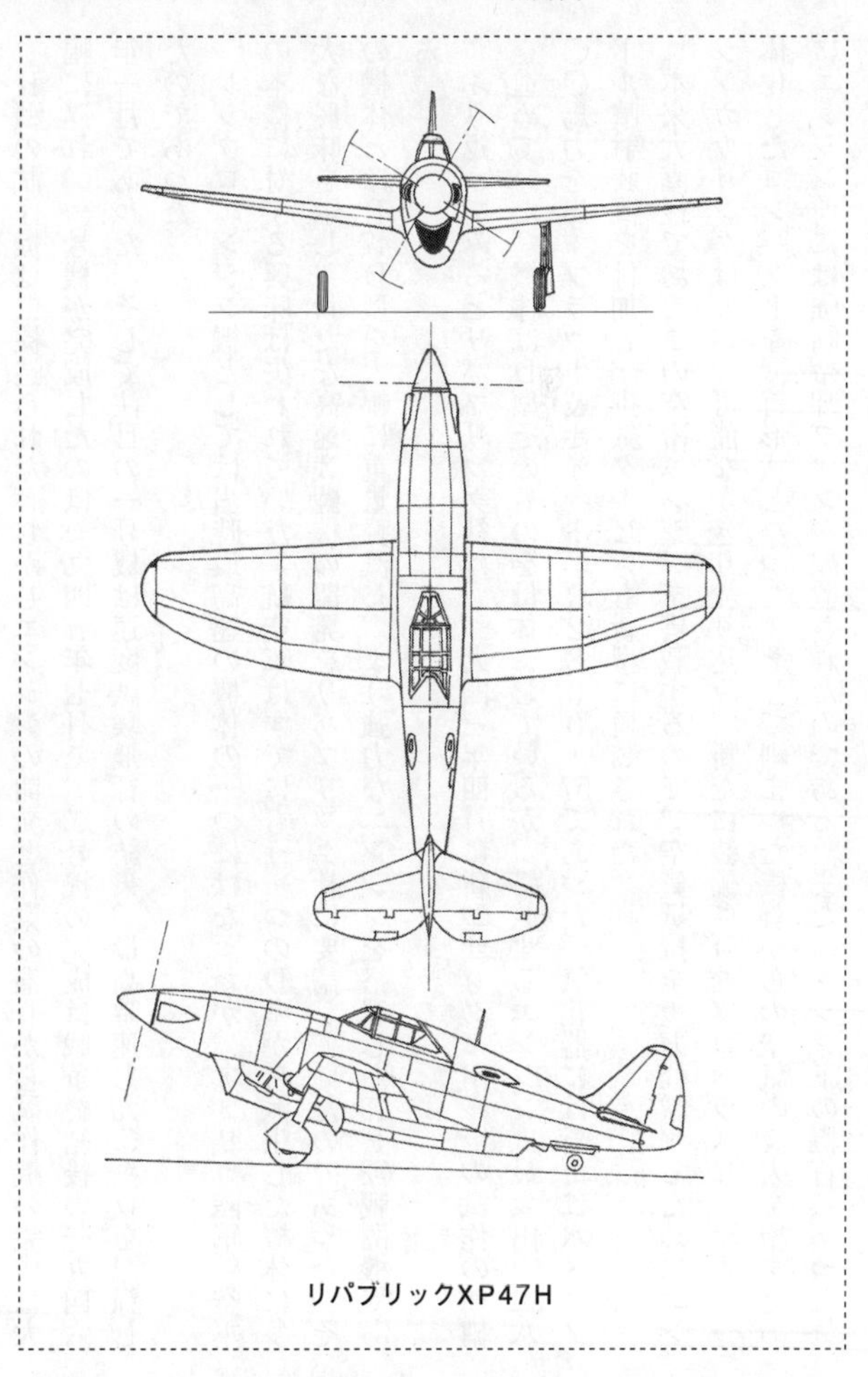

リパブリックXP47H

H型の試作機は二機造られた。しかしエンジンの開発と作業の滞りから試作機の完成は大幅に遅れ、一号機が完成したのは一九四五年七月で、二号機の完成は戦争終結後の一九四六年一月であった。そして注目の一号機は速度試験飛行の結果、最高時速七九〇キロを記録したのであった。

レシプロエンジン機としては当時最高速の機体の一つにはなったが、アメリカ陸軍航空軍の本機に対する興味は失われていた。航空軍はすでにもう一つのD型から派生した機体に多大な興味を示し、新たな高速戦闘機の開発をリパブリック社に要請していたのであった。その機体とはP47D型を大幅に重量軽減し、より強力なエンジンを搭載したXP72戦闘機である。

ふり返ってみるとリパブリック社は、一九四三年四月に新型サンダーボルトの試作の準備を進めていた。機体はD型そのものを母体にしているが、搭載するエンジンは最大出力二八〇〇馬力を出すプラット&ホイットニR2800-57であった。気化器には新たに水メタノール噴射装置を付加し、排気タービンも新型に換装された。

本来大直径であるこの空冷エンジンを搭載するので、空気抵抗を極力軽減するためにエンジンカウリングは前端で可能なかぎり絞り込み、新たに装備されたプロペラスピンナーと一体化したコンパクトな機首形状となった。そして細まった機首からの空気の流入を増すためにエンジン前には強制冷却ファンが配置されたのである。またエンジン下の機首にあった気化器や排気タービンなどへの空気取入口は、エンジンカウリング後方の胴体下に移され、機体の空気抵抗の減衰に配慮されていた。

胴体や主翼などはレイザーバック式のＤ型とまったく同じであるが、機体の重量軽減の一つとして、主翼に装備された八梃の機関銃は六梃に減らされていた。そしてその他の重量軽減の効果として、機体重量はＤ型より九〇〇キロ軽減されることになったのである。

本機は一九四三年十一月に完成し、直ちに試験飛行が行なわれた。その結果、高速飛行試験において本機は時速八一一キロを記録したのである。この驚異の数字は戦時中のために世界公認記録にはならなかったが、非公式ながら現在に至るまでレシプロエンジン機の最高速度記録となっている。

アメリカ陸軍航空軍はこのＸＰ47Ｊ型に対し多大な関心を示した。そしてリパブリック社に対し本機をベースにした新型レシプロ戦闘機の至急の開発を命じたのだ。この要請に対しリパブリック社は、カルトベリーが中心となり新型高速戦闘機の試作作業に入った。そして航空軍に対する答えは早かった。同社はＸＰ47Ｊをより軽量化し、さらに強力なエンジンを搭載した戦闘機ＸＰ72の開発計画を提示したのであった。

ＸＰ72の試作も迅速であった。母体がＸＰ47Ｊ型として実現しているために、新しいエンジンの搭載に適った、より軽量な機体の設計が進められたのである。

ＸＰ72に搭載予定のエンジンは当時実用段階に入りつつあったプラット＆ホイットニＲ4

（上）XP47J、（下）XP72

3360―13であった。このエンジンは七気筒エンジンを四重に配列した、それまでに前例のない空冷二八気筒エンジンで、最大出力はじつに三〇〇〇馬力を発揮する怪物エンジンであった。

このエンジンには巧みな工夫が凝らされていた。二八本もの多数のシリンダーを冷却するために、四基の七気筒エンジンは少しずつずらして配置され、各シリンダーへの冷却空気の流入に配慮されていたのである。

（注）本エンジンは後にアメリカ空軍のレシプロエンジンの主柱となり、爆撃機や艦上攻撃機、哨戒機、大型輸送機の主力エン

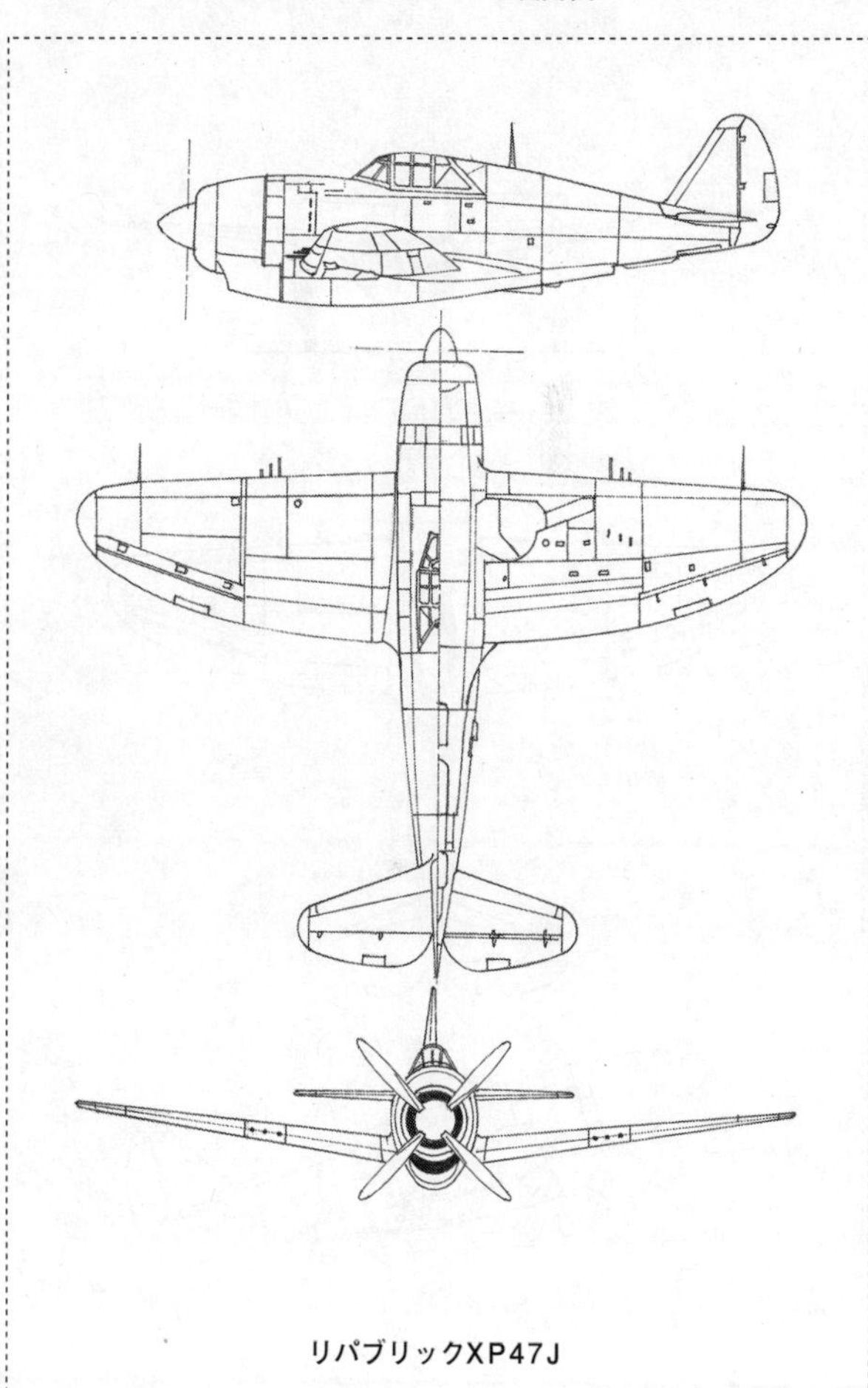

リパブリックXP47J

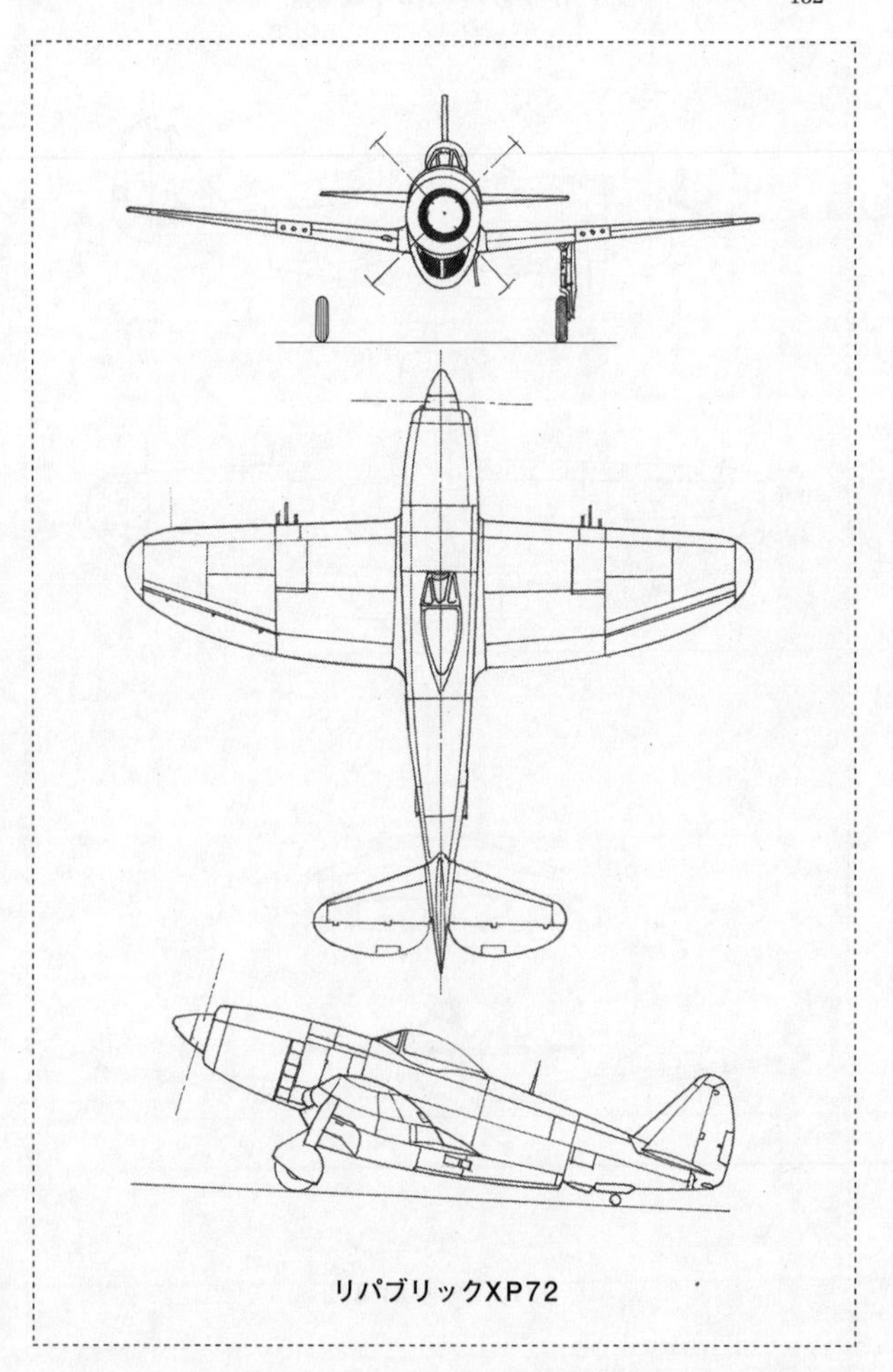

リパブリックXP72

ジンとして用いられることになった。

ＸＰ72の試作機は二機造られたが、一号機は早くも一九四四年二月に完成している。一号機のプロペラは四枚ブレードであるが、二号機は強力なエンジンの回転トルクの影響を軽減するために三枚ブレードの二重反転式プロペラを採用していた。

ＸＰ72の外観は主翼の形を含めＸＰ47Ｊと大きく変わるところはなかったが、機首に違いがみられた。空冷エンジンとしては全長が長いエンジンであるために、機首形状は液冷エンジン機を思わせるような、エンジンカウリングは細く成形され、ＸＰ47Ｊと同じく大型のプロペラスピナーが装着され、エンジン入口開口部には強制冷却ファンが配置された。そして気化器、中間冷却器、排気タービン用の空気取入口はＸＰ47Ｊよりも機体下部後方に移され、機体の空気抵抗の減少対策が施されていた。

本機の最高速力は時速七八八キロの高速に達した。試作機には大きな問題もなく、航空軍は二重反転式プロペラを装備した二号機を量産型のプロトタイプとし、直ちに一〇〇機の量産をリパブリック社に命じたのである。しかし戦争の終結にともないこの初期量産命令はキャンセルされることになった。理由は、今後の戦闘機はジェットエンジン推進の機体にすべきとする意見が航空軍内に台頭し、同じリパブリック社でもすでにジェットエンジン推進のＸＰ84の試作を進めている最中であり、ノースアメリカン社やロッキード社もジェットエンジン推進の戦闘機の試作機が完成状態に入っていたためであった。

サンダーボルト戦闘機の戦闘記録

ヨーロッパ戦線のサンダーボルト

P47サンダーボルト戦闘機が初めて実戦に登場するのは一九四二年十二月であった。このときP47C装備の九個中隊（総計二一六機）のサンダーボルトがイギリスに到着した。その後これらの部隊は機体整備と搭乗員の訓練が続き、最初の出撃は一九四三年三月に入ってからであった。

この訓練期間の間にイギリス本土に不時着したフォッケウルフFw190A戦闘機との模擬空戦が行なわれたが、このときに判明したことは、水平速力や急降下性能ではサンダーボルトが勝っていたが、上昇力や旋回性能ではドイツ機の方が格段に優れているということであった。重量級戦闘機のサンダーボルトの欠点が明確になったのである。

このことによりサンダーボルトのパイロットたちは、本機がドイツ戦闘機と空中戦を展開するときには、極力格闘戦は避けて急降下による一撃離脱戦法で戦うことを学んだのである。

またサンダーボルトの航続距離の短さはいかんともしがたく、その行動半径は航続距離の短いスピットファイア戦闘機よりわずかに五〇～八〇キロ長い程度、ということを再認識せざるを得なかったのである。つまりサンダーボルト戦闘機はスピットファイア戦闘機と同様に、ドイツ本土爆撃に向かう重爆撃機の全行程の護衛はまったく不可能であったのだ。その結果、サンダーボルトの任務はスピットファイア戦闘機と同じく、フランスやベルギー上空への短距離の制空進出、および爆撃機の途中までの護衛と出迎えに限定されることになったのである。

一九四三年十二月頃までには、イギリス本国内に駐留するサンダーボルト飛行中隊の数は二八個中隊（配備機数六七二機）にまで増加していた。そして一九四三年十一月頃からはP51BまたはC型装備の戦闘機中隊もイギリスに進出しており、長い航続距離を活かした、重爆撃機群のドイツ国内までの援護戦闘機としての活躍も開始していたのである。

同じく一九四三年十月末、近い将来に決行されることが予定されている大陸侵攻作戦に備え、イギリス国内にアメリカ陸軍第9航空軍が設立された。この航空軍はノースアメリカンB25やマーチンB26爆撃機、P47サンダーボルト戦闘機（戦闘爆撃機）が主力の飛行大隊の攻撃集団として編成された戦力であった。

この攻撃集団はフランス、オランダ、ベルギーなどの国内に配置されている、ドイツ軍の様々な施設を集中攻撃することが目的であった。

このときP47サンダーボルトは制空戦力として活用すると同時に、その強力な攻撃力を活かし地上攻撃を展開することが大きな目的とされていたのだ。この時点でサンダーボルトはすべてD型に置き換えられ、第9航空軍に所属したサンダーボルト戦闘機部隊の戦力は、最

出撃準備中のP47と編隊飛行中の同機

終的には五〇個中隊に達し、一二〇〇機に達したのであった。そしてさらに既存の第八航空軍のサンダーボルト部隊と合わせると、一九四五年二月当時のサンダーボルト配備飛行中隊の数は総計七五個に達し、サンダーボルトの配備総数はじつに一八〇〇機に達していたのである。

一九四三年十二月以降大陸侵攻作戦が展開されるまでの間、

イギリス空軍のマークをつけたＰ47

イギリス基地に配備されたＰ47は、イギリス基地から四〇〇キロ範囲内の同機の行動半径内のフランスやベルギー国内まで侵攻して積極的な制空戦闘も展開し、この間に多くの「サンダーボルト・エース」を誕生させることになったのだ。

一九四四年七月頃からアメリカ陸軍航空軍でも戦闘機に装備可能なロケット弾が配備され、それにともないサンダーボルトの両翼下には六〜八発のロケット弾が搭載されるようになった。八梃の一二・七ミリ機関銃の打撃力と合わせ、サンダーボルトは恐ろしい地上攻撃機に変身することになったのである。

この攻撃力はとくにドイツ機甲部隊にとっては恐ろしい存在となったのであった。大陸侵攻作戦の展開の中で、陸上部隊と戦闘爆撃機部隊とは無線情報連絡が一部可能になり、進撃する陸上部隊を阻止するドイツ機甲部隊の出現に対しては、地上から戦車の存在位置が連絡され、サンダーボルト部隊は直ちにその戦車部隊に対するロケット弾攻撃を展開することも可能になったのであった。

戦争終結までに西ヨーロッパ戦線におけるP47サンダーボルトの延べ出撃回数は合計三一万回に達した。そしてこの間に空中戦でサンダーボルトが撃墜したドイツ機は二〇〇〇機以上、地上攻撃によって破壊したドイツ軍用機は五〇〇〇機に達したとされている。また破壊したドイツ軍戦車や装甲車などの戦闘車両の総数は四〇〇〇台を超えたとされているのである。しかしその見返りとして失われたサンダーボルトの数は二六〇〇機に達したのであった。

ヨーロッパ戦線におけるもう一つのサンダーボルト活躍の舞台は、イタリア半島を拠点とするヨーロッパ南部からドイツへ向けての戦場であった。

連合軍は一九四三年九月にイタリア半島南部のサレルノを含む三ヵ所への上陸作戦を実施した。そしてイタリア半島南部のホッジアなどに強力な航空基地を設置すると、ヨーロッパ南部からドイツへ向けての侵攻を展開したのだ。

イタリア降伏後のイタリア半島にはすでに有力なイタリア空軍は存在せず、また強力なドイツ空軍の戦力も存在しなかった。この戦域へのサンダーボルト部隊の配備は一九四三年十一月から始まり、実戦参加は翌年一月からであった。この部隊はアメリカ陸軍航空軍の第12航空軍に所属し、サンダーボルトはD型が配備されていた。

このヨーロッパ南部のドイツ空軍の活動は全般的に低調であったために、サンダーボルト部隊の活動は地上部隊に協力する地上攻撃に重点が置かれていた。そして連合軍の北上にともないサンダーボルトの活動範囲は、ユーゴスラビア、チェコスロバキア、オーストリアを経てしだいに南部ドイツに侵入していったのである。そしてP47サンダーボルトの南ヨーロッパ戦線での戦力は、最終的には二五個中隊（六〇〇機）に達した。

ヨーロッパ戦線におけるP47サンダーボルトの投入戦力は、アメリカ陸軍航空軍のみで最終的には九九個飛行中隊に達し、常時二三七六機が活動していたことになるのである。その他にもイギリス空軍のヨーロッパ戦線配備のサンダーボルト飛行中隊を加えると、その機数は常時二七〇〇機に達していたことになるのだ。

太平洋・アジア戦域のサンダーボルト

太平洋戦線へのP47サンダーボルトの出現は、一九四三年六月からである。P47CおよびD型装備の三個飛行中隊がニューギニア東部のラエ周辺に進出し、日本軍と対峙したのが最初であった。この頃ニューギニア戦線は、ラエを拠点に周辺のマーカムあるいはラムに構築したアメリカ陸軍の航空基地が戦力の中心で、ロッキードP38やカーチスP40戦闘機がノースアメリカンB25爆撃機と協同して、ニューギニア北部海岸一帯を占拠している日本軍に対し攻撃をくり返していたのだ。

ウエワクやホーランディアに基地を置く日本軍側は、一式戦闘機「隼」や三式戦闘機「飛燕」をくり出し、これら敵機と交戦していたが、そこにサンダーボルト戦闘機が出現したのであった。

まだ数は少なかったがP47サンダーボルトは日本軍戦闘機部隊にとっては難敵となったのである。一二～四梃の一二・七ミリ機関銃を装備する日本軍戦闘機にとっては、サンダーボルトは空中戦で優位に立っても撃墜し難い敵となったのだ。そしてその後、米軍の侵攻にともないサンダーボルト部隊は戦力を増強していったのである。

圧倒的な攻勢の前に日本軍は撤退をくり返したが、アメリカ軍はニューギニア島を制圧すると、一九四四年九月に同島の西に位置するハルマヘラ島に隣接するモロタイ島を占領し、ここに大規模な航空基地を建設した。アメリカ陸軍はここをボルネオ島とフィリピン攻略のための一大航空拠点とする計画だったのである。

ボルネオ島の東部にはバリクパパンという大規模な石油産出地があった。ここは日本へ向けての南方石油の一大積み出し港ともなっていたのだ。この拠点爆撃のためにアメリカ軍はコンソリデーテッドB24爆撃機を進出させることにしたのである。ただここには日本海軍の戦闘機基地があり、当然ながら強力な反撃を予想しなければならなかった。そしてモロタイ島からバリクパパンまでは直線距離で一三〇〇キロもあったのだ。

アメリカ陸軍は飛行距離の長いこの拠点爆撃の援護戦闘機に、進出まもないサンダーボルトを投入することにしたのである。投入されるサンダーボルトは二四機とされた。航続距離の短いサンダーボルトの胴体下と両翼下には合計三個の三〇〇リットル入り増加燃料タンクが装着されたのだ。そして片道一三〇〇キロの行程をこの三個の増加タンクの燃料で飛び、予想される敵地での空中戦を終えると直ちにモロタイ島まで帰還する計画だったのである。しかしこの計画は実行されたが、予想された日本側の反撃は軽微であったとされている。しかしサンダーボルト戦闘機の限界以上の行程であったために、帰投に際し燃料不足で海面に不時着する機体が続出したとされている。このときの往復二六〇〇キロ（プラス空戦）の作戦行動は、Ｐ47サンダーボルトD型（C型を含む）の最長作戦記録となったのであった。

その後、サンダーボルト部隊はフィリピン侵攻作戦の展開とともにフィリピンに進出、ここより台湾方面への攻撃も実施することになった。フィリピン北部の基地からの作戦行動半径は七〇〇キロを超えるもので、Ｐ47戦闘機によるこの長距離作戦には、バリクパパン攻撃の経験が十二分に生かされることになったのである。

これらサンダーボルト部隊は沖縄占領後に同島に進出している。そして一九四五年七月にサンダーボルトは、長距離戦闘機型のＰ47N型に置き換えられている。その目的はサンダーボルト部隊が沖縄基地を出撃し、南九州方面の航空基地などの地上攻撃を行なうためで、長距離飛行が可能なN型が必要であったためだった。

また一九四四年八月のサイパン・テニアン両島の占領にともない、同島の防空のためにＰ47D型で編成された三個飛行中隊が派遣されることになった。このときこの三個飛行中隊七二機のサンダーボルトは二隻の護衛空母の甲板に搭載され運ばれたのである。そしてサイパ

ビルマ戦線におけるP47

ン島の沖合から全機が空母のカタパルトから射出され、全機無事にサイパン島に準備された戦闘機基地（コブラ１基地）に進出したのであった。

太平洋戦線の他のもう一つのサンダーボルトの戦闘部隊はビルマと中国戦線であった。アメリカ陸軍航空軍はサンダーボルト装備の飛行中隊合計一一個（合計戦力二六八機）をこれら戦域に送り出したが、おもな活動はビルマが中心であった。しかしこれら地域の日本軍の航空戦力は弱体で、日本戦闘機がサンダーボルトと空中戦を交えたという記録は極めて少なく、サンダーボルトは主に地上攻撃に使われることになった。

なおビルマ戦域ではイギリス空軍の数個飛行中隊もP47サンダーボルトを使って戦っているが、米軍と同じく日本機と空中戦を交えることは少なく、その活動は地上攻撃が主体であった。

なおこれらの戦いの最中に珍事が起きている。一九四五年二月、フィリピンの基地を出撃した一機のP47D

(ドロップフード型)サンダーボルトが台湾中部の豊原付近を地上攻撃中、迎撃してきた日本戦闘機(四式戦闘機「疾風」)からの射弾を受け畑地に胴体着陸した。同機はほぼ完全な姿で日本側に鹵獲されたが、これは日本軍側が正常なP47サンダーボルトを入手した最初で最後の機会であった。しかし戦況の切迫した中で本機の詳細な調査が行なわれることはなく、そのまま放置されることになったのである。

## 戦後のサンダーボルト

第二次大戦が終結した一九四五年八月、最後の型式であるP47N型は量産中であったが、この生産も十月で終了した。戦争の終結時点でサンダーボルトを運用していた航空隊は、アメリカ陸軍航空軍が一一〇個飛行中隊、イギリス空軍が一一個飛行中隊の合計一二一個飛行中隊で、その配備機数は二九〇〇機を超えていた。そしてこれら飛行中隊の配備機体のほとんどすべては部隊の解散や帰国と同時に現地で廃棄処分されたのである。

また戦争終結翌年の一九四六年に、アメリカ陸軍航空軍は今後当面残存させる戦闘機はノースアメリカンP51マスタングと定めていたために、P47サンダーボルトはアメリカ州空軍に配備されているサンダーボルトを除き、残存機体のすべてを廃棄することになった。このために一九四八年当時でアメリカ空軍(一九四七年にアメリカ陸軍航空軍はアメリカ空軍に組織が独立)に残存していたサンダーボルトは極めて少数になっていたのである。このため空軍への組織独立にともない変更された戦闘機呼称「F」表示の、F47呼称のサンダーボルトはわずかな機数であった。

一九五〇年六月に勃発した朝鮮戦争では、残存機数が豊富でしかも州空軍で多くの機体が残存していた、ノースアメリカンF51マスタングが主力戦闘機（実質的には地上攻撃機）として活躍することになったのであった。

ただこの戦争でのレシプロ機の役割は地上攻撃が主体であり、強靭なサンダーボルトが最も適任の機体であったと考えられるのである。

一九四七年頃、多くのアメリカ友好国（主に中南米諸国）の空軍創設や既存空軍の機種更新のために、多くのP47サンダーボルトがこれらの国に供与または売却されている。主な供与・売却先は、フランス、トルコ、中華民国、ブラジル、ボリビア、エクアドル、コロンビア、ドミニカ、メキシコ、ホンジュラス、トルコ、イラン、ユーゴスラビアなどで、その合計は一〇六〇機に達している。このなかには現役戦闘機を退役したのが一九六〇年という機体もあった。

現在、数機のフライアブルなサンダーボルトがアメリカに残存しているが、そのほかに国内の航空博物館などに少なくとも五機以上のサンダーボルトが残存している。

## リパブリックP47戦闘機のエースたち

重量級の戦闘機であるP47サンダーボルトは、軽快なP51マスタングに比較し「空中戦には不利である」という先入観はあるが、意外なことにサンダーボルト部隊では多くのエースパイロットが誕生しているのである。彼らはこの戦闘機の優れた高空性能と急降下性能を駆使し、そのうえ何といっても簡単に撃墜されない強靭な構造のために、制空戦闘機としての能力を発揮して大いに活躍したのである。つぎに著名なサンダーボルト・エースを紹介する。

フランシス・S・ガブレスキ中佐

一九四三年一月にガブレスキはイギリス派遣のアメリカ陸軍航空軍戦闘機隊の中隊長に任命された。彼に与えられた機体はP47Cサンダーボルトであった。その後新型のD型に機種は変更されたが、彼はこの機体を操縦して爆撃機援護や制空作戦に奮戦した。一九四四年七月二十日までに一九三回の出撃を行ない、メッサーシュミットMe109やフォッケウルフFw190戦闘機を二八機撃墜するという記録を樹立した。これはサンダーボルトを操縦した戦闘機パイロットの最高記録である。

彼は旋回戦闘が不得手なサンダーボルトを操縦し、徹底した一撃離脱戦法を採用してこの記録を立てたのであった。

しかし彼は一九三回目の出撃の際にドイツ空軍飛行場の低空銃撃を行なったが、こともあろうにあまりの超低空飛行だったために、飛行場の掩体壕の土手にプロペラを引っ掛けて機体が破損、そのまましばらく飛行の後に敵地に不時着陸しドイツ軍の捕虜となった。

戦争終結で解放されたガブレスキはアメリカに無事帰国し、一九四九年に新生のアメリカ空軍に入隊してジェット戦闘機パイロットになった。

彼は朝鮮戦争にも参戦しノースアメリカンF86ジェット戦闘機を操縦し、義勇中国空軍のミグMiG15ジェット戦闘機七機を撃墜、二つの戦争でエースとなり空軍大佐で退役している。

ロバート・S・ジョンソン大尉

彼は一九四三年に陸軍少尉に任官、その直後ヨーロッパ戦線派遣のアメリカ陸軍航空軍の戦闘機パイロットとしてP47Dサンダーボルトを操縦することになった。

そして六月にフォッケウルフFw190を撃墜しエースのスタートを切った。彼はその後合計一四二回の出撃をくり返し、二八機の撃墜記録を打ち立て、前記のガブレスキと並ぶサンダーボルトのトップエースとなった。

しかしその直後に地上勤務を命ぜられ、以後戦闘機に搭乗することはなく空軍中佐で退役し、リパブリック社に入社して活躍することになった。

アメリカ陸軍航空隊にはもう一人ジョンソンというエースがいる。彼の名はジェラルド・R・ジョンソンといい最終階級は陸軍中佐であった。彼はロッキードP38戦闘機に搭乗し、ニューギニアとフィリピン戦線で合計二二機の日本機を撃墜した、アメリカ陸軍航空隊戦闘機隊の屈指のエースであった。

P38戦闘機隊の指揮官として終戦後日本に進駐し入間基地に駐留した。しかしその直後の一九四五年十月、折から台風が接近していた天候の中、任務でノースアメリカンB25爆撃機を操縦し沖縄に向かったが、悪天候のために東京湾に墜落し死亡したのである。以後入間基地はアメリカ空軍が撤収するまで、彼の名を記念し「ジョンソン基地」と呼ばれ、一般に知られるようになった。

ニール・E・カービー大佐

一九四三年七月に新編成のサンダーボルト戦闘機隊に配属されたカービーは、三個飛行中隊（予備機を含めた総合戦力八六機）を率いてニューギニア戦線に派遣された。

彼の初陣は同年九月初めに展開されたラエ上空での日本戦闘機との空戦であった。このとき彼は日本機一機（一式戦闘機「隼」または三式戦闘機「飛燕」）を撃墜し、初戦果を挙げている。

その後は来襲する日本戦闘機（「隼」または「飛燕」）と爆撃機（百式重爆撃機「呑龍」）の迎撃を展開している。またときにはニューギニア島北岸のウエワクやホーランディアなどの日本軍航空基地への爆撃機の援護や制空作戦に従事した。そして一九四四年一月までに合計二一機の日本機を撃墜し、一躍この戦域でのトップエースに躍り出たのであった。しかし一九四四年三月のウエワク攻撃の際、上空からの三式戦闘機「飛燕」の攻撃を受け、深いジャングルの中に撃墜されたのである。彼は太平洋・アジア戦域のサンダーボルトのトップエースであった。

ヒューバート・ゼムケ大佐

彼はヨーロッパ派遣のアメリカ陸軍航空軍第56戦闘機大隊の大隊長であった。この大隊はP47サンダーボルト三個飛行中隊(定数七二機編成)で編成された、多くのエースパイロットを輩出した有名な飛行大隊であった。

彼は一九三五年に大学を卒業し陸軍航空隊に入隊している。当初はカーチスP40戦闘機を装備していた第56大隊は、一九四三年三月にP47C型が配備され、その直後にイギリスに派遣された。そしてイギリスに派遣された直後に機体はD型に更新されている。

彼は一九四四年十二月までにドイツ戦闘機一八機を撃墜しているが、このとき彼はすでに三〇歳を越える「長老」戦闘機パイロットであった。そして十二月十六日の出撃で彼の搭乗機は雲間から現われたドイツ戦闘機の不意の攻撃を受け被弾した。彼はパラシュート降下を試みたがたちまちドイツ地上軍の捕虜となり、戦争終結までドイツ国内の捕虜収容所で暮らすことになった。

ジョージ・A・デービスJr中佐

彼のサンダーボルトによる撃墜記録は七機に過ぎなかったが、れっきとしたエースであった。二一歳で陸軍に入隊し戦闘機パイロットになった彼は、一九四四年四月にP47サンダーボルト装備の飛行中隊に配属され、直ちに終盤を迎えたニューギニア戦線に派遣された。彼はこの戦場で三機の日本機を撃墜した後フィリピンに移動した。この地でも搭乗機はサンダーボルトで台湾攻撃作戦にも参加し、この間にさらに四機の日本機を撃墜し終戦を迎えた。

その後彼は空軍に残り一九五〇年早々には、新編成のノースアメリカンF86ジェット戦闘機のパイロットとなった。彼は朝鮮戦争でのF86戦闘機の最初の派遣部隊に参加している。そして一九五二年二月までに一四機の義勇中国空軍のミグMiG15ジェット戦闘機を撃墜した。しかし同年二月の六〇回目の出撃の際、一機のミグMiG15戦闘機を撃墜し上昇中に別のミグMiG15戦闘機の命中弾を受け撃墜され、戦死した。この撃墜記録はこの戦争での第三位のスコアとなっている。

（注）朝鮮戦争でF86ジェット戦闘機によるミグMiG15ジェット戦闘機の撃墜記録が圧倒的に多いのは、パイロットの多くを第二次大戦のベテラン戦闘機パイロットが占めていたからとされている。

# グラマンF6Fヘルキャット艦上戦闘機

## 艦上戦闘機Ｆ６Ｆヘルキャットの開発

アメリカ海軍最初の艦上戦闘機はボーイングＦＢであった。アメリカ海軍最初の航空母艦は一九二二年に完成した、給炭艦ジュピターを改造して造り上げたラングレーである。このとき本艦に搭載された艦上戦闘機は、ボーイング社の陸軍戦闘機ボーイングＰＷ９を艦上戦闘機に改造した機体で、本機がアメリカ海軍最初の艦上戦闘機ボーイングＦＢであったのだ。

その後アメリカ海軍は一九二七年に巡洋戦艦レキシントンとサラトガを改造した同名の大型航空母艦を完成させている。これがアメリカ海軍の艦上機の本格的なスタートといってもよく、このとき艦上戦闘機として就役した機体にグラマンＦＦとボーイングＦ４Ｂがあった。

この頃からグラマン社は艦上機の開発に本腰をいれて取り組むようになり、艦上戦闘機ＦＦの次にはより高性能なＦ２Ｆを完成させた。そして一九三五年にはＦ２Ｆの性能向上型のＦ３Ｆを完成させたが、この機体は引込式車輪を持ち全金属製ではあったが、いまだに複葉であった。グラマン社が艦上戦闘機の開発を続けている中、ボーイング社は艦上機の開発を

F2A

中止して重爆撃機の開発に方針を変更したために、艦上戦闘機は以後グラマン社の独壇場となったのである。

一九三七年頃のアメリカ海軍の艦上戦闘機の主力はグラマンF3Fであったが、海軍はより近代的な艦上戦闘機の開発をグラマン社とブリュースター社に要求したのだ。この要求に対して両社から提示された回答が、グラマン社が同社最初の単葉式艦上戦闘機XF4Fであり、ブリュースター社が同じく単葉のXF2Aであった。

この両機体について両社は、ともに単葉引込脚装備、最高時速五〇〇キロ以上として海軍に提示したのである。両機体の試作機は一九三八年までには完成し試験飛行も行なわれたが、最高速力は二機ともに時速五〇〇キロをわずかに超える程度であった。

海軍はとりあえず両機体の量産に踏み切った。しかしブリュースターF2Aは量産体制の不備から海軍用に大量生産するにはいたらず、少数が生産されてフィンランドやオランダなどへの輸出用となっている。結局アメリ

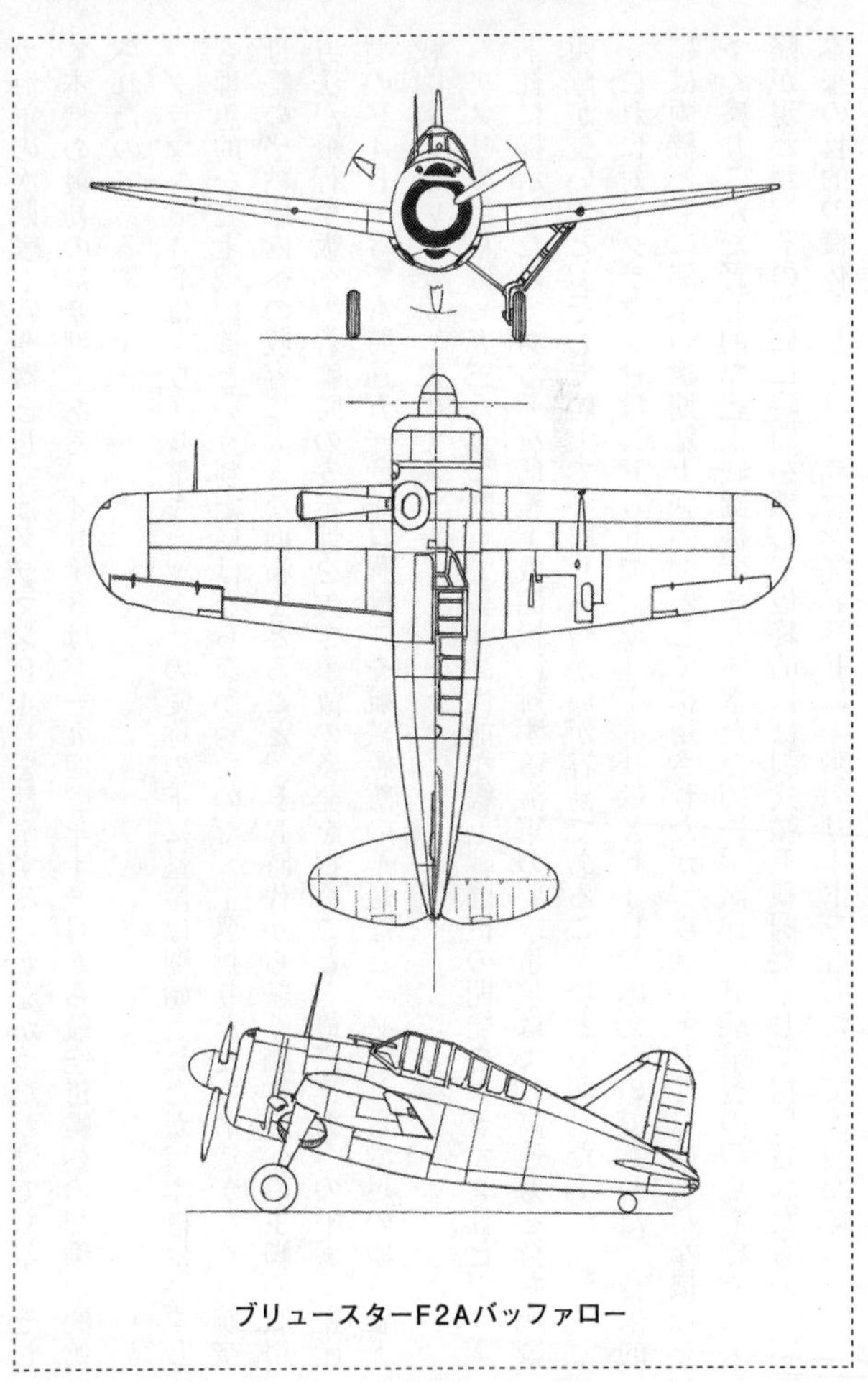

ブリュースターF2Aバッファロー

カ海軍の次期艦上戦闘機としてはグラマンF4Fを量産するしかなかったわけである。そして本機の最初の量産型であるF4F-3は、一九四〇年十一月から航空母艦への配備が開始されたのである。

グラマンF4Fは「ワイルドキャット」の愛称の下に量産は開始されたが、本機は必ずしも理想的な艦上戦闘機という判定にはならなかったのだ。主翼折りたたみ構造がなく、航空母艦の格納庫内への収容に大きな面積をとること、FF時代から続く胴体内への主脚の収用方法が飛行甲板への着艦時の安定性を欠き事故の多発を招くこと、最高速力への不満（量産型のF4F-3でも時速五一〇キロ程度）や航続距離の不足など、必ずしも満足のゆく艦上戦闘機とはいえなかったのであった。

アメリカ海軍は一九三八年の時点でより高性能な艦上戦闘機の開発をグラマン社とヴォート社に提示したのである。次期艦上戦闘機に対する海軍の要求事項はより高速力を持ち航続距離が長いこと、そして艦上での取りあつかいが容易であることなどであった。

これに対しグラマン社はXF6Fで、ヴォート社はXF4Uで応えたのであった。結果的には両機ともに海軍の次期艦上戦闘機として採用されたが、ヴォートF4Uは斬新な機能を多く盛りこんだ野心的な艦上戦闘機でありすぎたために、試作、試験飛行の時点で様々な欠陥が現われ、その改修に時間を擁し、最終的には制式艦上戦闘機として採用されたものの、本来の目的の機体としてはグラマンXF6Fに一歩のリードを許したのであった。

Ｆ４Ｆ－３

　ＸＦ６ＦのＦ４Ｆとの違いは、機体寸法はＦ４Ｆに比較し一回り大型にはなったが、最高速力のアップ、航続距離の増加、運動性の改善、防弾対策の完備、武装の強化、艦上での取り扱いの容易、頑丈な構造など、多くの改善と改良が施されていた。
　ＸＦ６Ｆの試作機には当初最大出力一六〇〇馬力のエンジンが搭載されていたが、出力不足から直ちに二〇〇〇馬力のエンジンに換装され、所期の計画性能を満たすことができたのであった。
　本機の初飛行は太平洋戦争勃発後の一九四二年六月であった。本機に関しては戦後よく「日本海軍の零式艦上戦闘機を詳細に研究し、同機に打ち勝つために急遽開発された戦闘機である」と喧伝されたことがあったが、これはまったくの間違いである。本機の開発にあたり零式艦上戦闘機を参考にした部分は一つもなく、Ｆ４Ｆの後継機としてグラマン社独自の設計で開発された機体であったのである。零式艦上戦闘機の設計思想の多くの部分

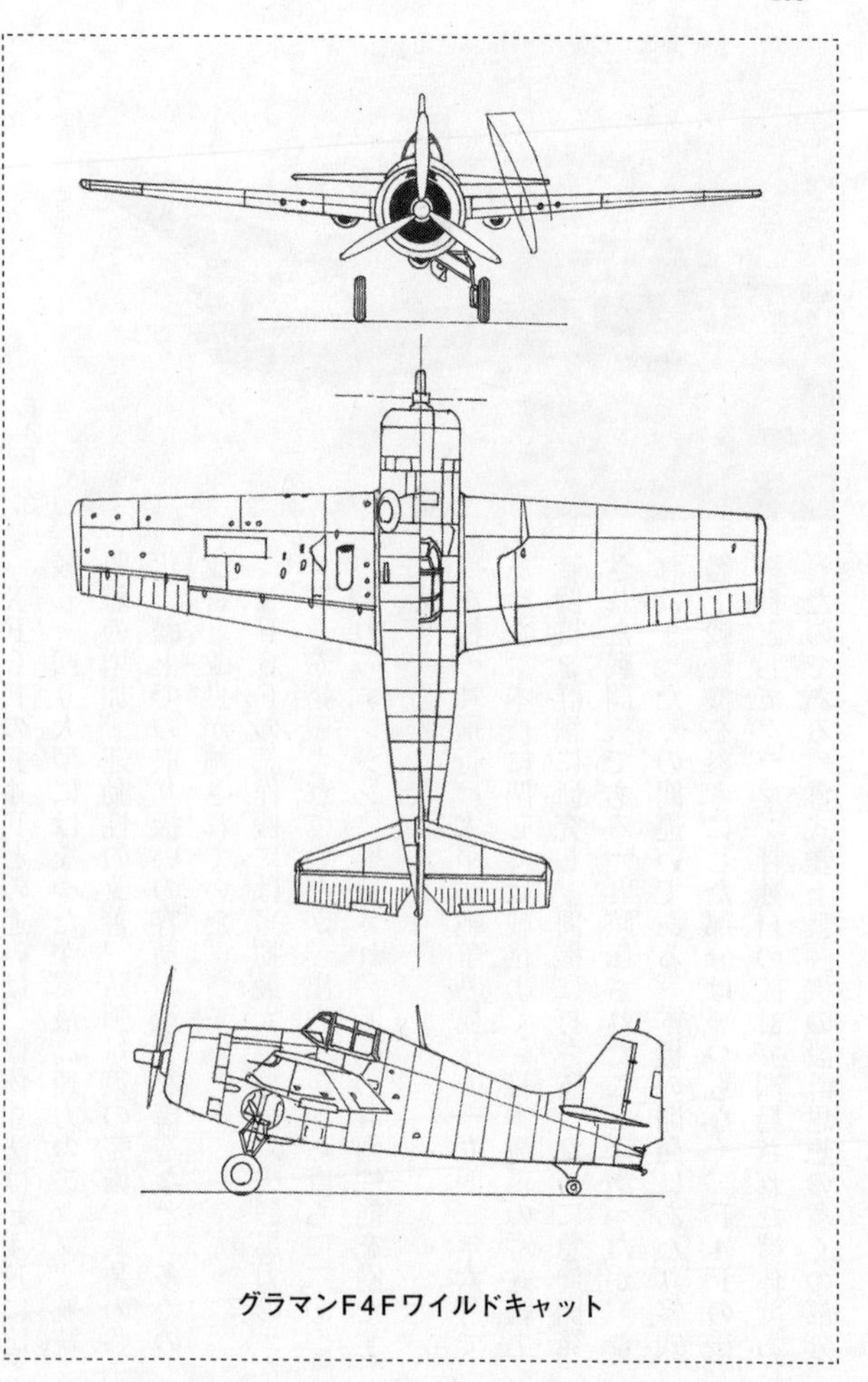

グラマンF4Fワイルドキャット

ＸＦ６Ｆ

を参考にして開発された機体は、Ｆ６Ｆに続き単発式制式艦上戦闘機となったＦ８Ｆベアキャットなのである。

試作機ＸＦ６Ｆは一九四二年六月に初飛行に成功している。試作機はエンジンを最大出力二〇〇〇馬力のライトサイクロンＲ２８００－10に換装した本機が最初の量産型となったＦ６Ｆ－３である。本機には「ヘルキャット」の愛称がつけられたが、Ｆ４Ｆの「ワイルドキャット」に始まり本機、そしてＦ７Ｆの「タイガーキャット」、Ｆ８Ｆの「ベアキャット」、そしてジェット艦上戦闘機のＦ９Ｆ「パンサー」、Ｆ９Ｆ－６の「クーガー」、試作艦上戦闘機ＸＦ10Ｆ「ジャガー」、Ｆ11Ｆ「タイガー」と一連のネコ科動物の愛称がつけられた。これを称してグラマンの「キャット・シリーズ」と呼ばれることになったのである。

ＸＦ６Ｆは海軍の審査で高評価を受け、直ちに量産に移されることになったのであった。本機の量産型のＦ６Ｆ－３は一九四三年三月以降部隊配備が開始され、当初生産の機体は実戦訓練部隊に配備されパイロットの練度向上に使われることになった。その後六月頃から実戦部隊への配備が始まったが、この間にコックピット周辺とエンジンカウリング周りに関する若干の改良が施されている。

一方のライバルのヴォートF4Uは同じ二〇〇〇馬力のエンジンを搭載したが、飛行性能はF6Fよりも優れていた。しかし前方視界の不良や失速特性の悪癖などにより艦上戦闘機としてではなく、当初は陸上基地を拠点とする海兵隊航空隊の戦闘機として一九四三年五月以降から運用が開始されたのである。

## ヘルキャットの構造と生産

F6Fヘルキャット艦上戦闘機は〝優秀な機体〟をにおわせるものは何一つ持っていない。本機の強いていえる特徴は「取りあつかいやすく、そこそこに高性能で頑丈」な機体であることであった。日本海軍の零式艦上戦闘機に打ちのめされていたアメリカ海軍航空隊としては、この戦闘機に大きな期待をかけ、とにかく日本の戦闘機に打ち勝てる戦闘機として、質とともに「量」で敵を圧倒しようとする意気込みがみなぎっていたのであった。

初飛行後、実戦向けの若干の改良を加えたF6F－3は直ちに量産に入ったのである。新たに出力二〇〇〇馬力のプラット&ホイットニR2800－10エンジンを搭載したF6F－3の最高速力は時速六一二キロに達した。同じ頃に実戦に投入された日本海軍の零式艦上戦闘機五二型は、最大出力一一〇〇馬力のエンジンを搭載し、その最高速力は時速五六〇キロであった。また機体自重はＦ６Ｆ－３の四一〇〇キロに対し、零式艦上戦闘機五二型はわずかに一九〇〇キロでしかなかった。この自重の違いはＦ６Ｆ－３の機体が零式艦上戦闘機に対して大型であることと同時に、様々に防弾対策が施され重量が過大になっていたためであったのだ。

この重量の差は両機の性能に現われていた。上昇性能を比較するとＦ６Ｆ－３の六一〇〇メートルまでに達する時間は七分四二秒を要したのに対し、零式艦上戦闘機五二型は七分で六〇〇〇メートルに達することができたのであった。この四〇秒強の上昇時間の差は実際の空中戦では大きな開きとなるのである。Ｆ６Ｆ－３は重く鈍重、零式艦上戦闘機は軽く軽快という差が空中戦では決定的な差となるはずであった。

しかしこの比較は必ずしも正しくはないのである。Ｆ６Ｆ－３は重たい機体でありながら旋回性能は決して零式艦上戦闘機に劣るものではなかったのだ。登るのは苦手だが大馬力で機体をコントロールし、優れた旋回性や横転性を発揮したのである。そして何よりも零式艦上戦闘機に対しその後圧倒的な機数を繰り出し、量で日本側を圧倒することができたのであった。

Ｆ６Ｆ艦上戦闘機の設計で重点的に配慮されたことは「簡単に撃ち落とされない頑丈な機体」であった。つまり「撃たれ強い」戦闘機としての徹底的な配慮がなされていたのだ。まずパイロットの生存率を高めるために操縦席の背後には一二ミリ厚の防弾鋼板が配置され、

(上)F6F、(下)零戦五二型

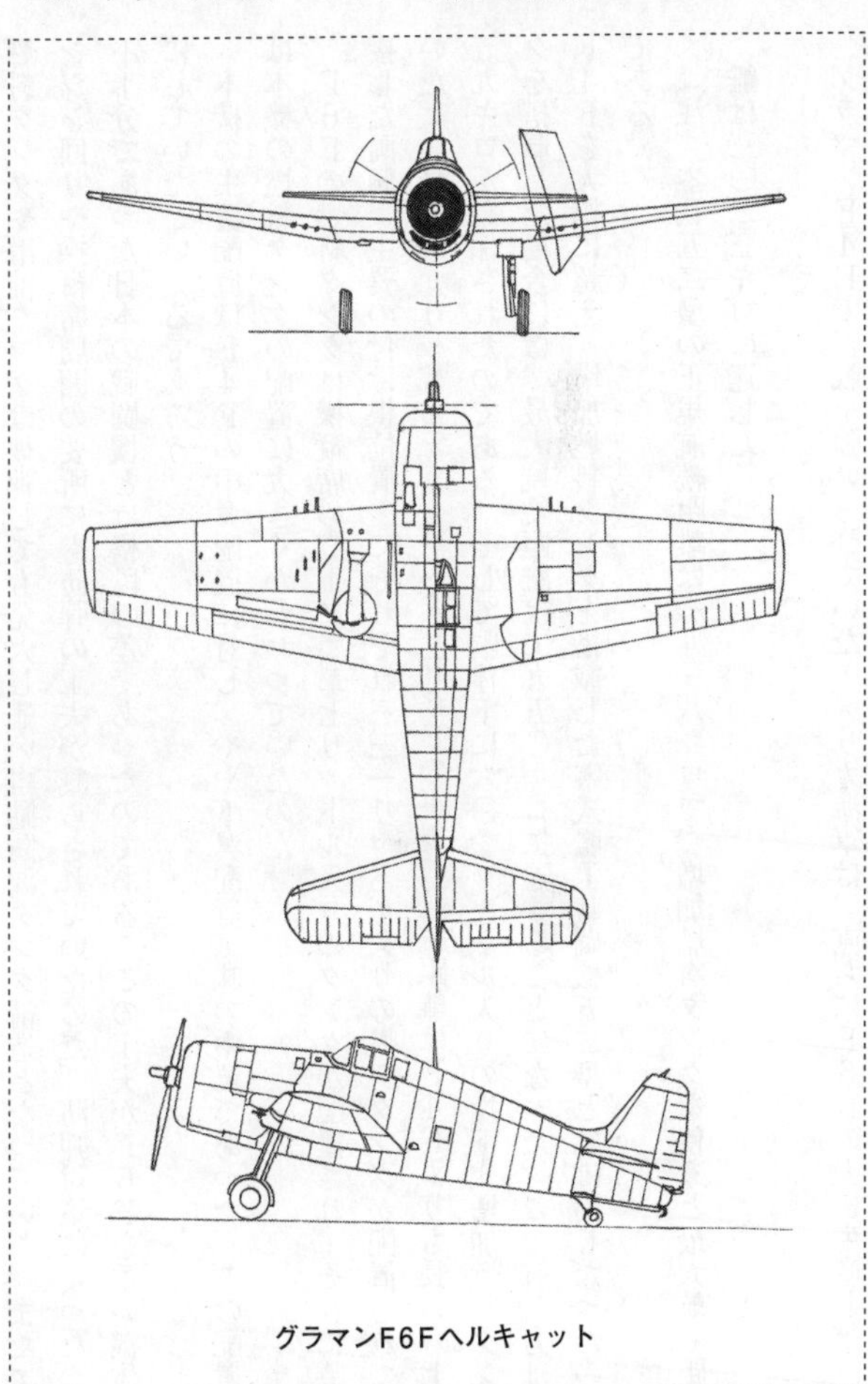

グラマンF6Fヘルキャット

燃料タンクや滑油タンクは被弾しても発火し難い自動防漏タンク構造となっていた。またエンジン回りや操縦席周囲の要所にも防弾の工夫が凝らされていたのだ。防弾対策にまったく不十分であった日本の戦闘機とは格段の差であったのである。この工夫がF6Fを重い機体にしていたといえるであろう。

本機の主翼配置はF4Fの中翼配置に対し、やや下翼配置気味の中翼であった。この配置は本機の燃料タンクの配置に大きくかかわっていたのだ。

F6Fの燃料タンクは操縦席の直下に二二七リットル入りのタンクが配置され、それに隣接した両側(主翼の付け根位置)にそれぞれ三三一リットル入りの燃料タンクが配置されていた(合計八八九リットル)。これによりF6Fの正規の航続距離はF4Fよりも長い一七五九キロが確保されたのである。そして胴体下に六〇〇リットル入りの投下式増加燃料タンクを搭載した場合には、最大航続距離は二九五〇キロに達することになった。この航続力はF4Fを大幅に超え、増加燃料タンクを搭載した零式艦上戦闘機五二型とほぼ同じだったのである。

(注) 零戦五二型の正規航続距離は一九一八キロで、増加燃料タンクを使うと最大航続距離は三〇二三キロに達した。

グラマンF4Fで苦戦を強いられていたアメリカ海軍は、直ちにF6Fの大量生産と第一線への早期投入を決定し、直ちに量産が開始された。ただ一九四二年十月当時のグラマン社はＦ４Ｆと艦上攻撃機ＴＢＦアヴェンジャーの生産で手一杯の状況にあった。

これに対し海軍とグラマン社は一つの対策を行なったのである。それは新鋭戦闘機Ｆ６Ｆの生産はグラマン社の既存の生産ラインをフル稼働して展開し、一方のＦ４ＦとＴＢＦについてはジェネラル・モーターズ社の乗用車生産ライン（キャデラック、ビュイック、ポンチアック、シボレーなど）を、全面的に航空機生産ラインに変更して生産することにしたのである。

（注）このため一九四三年より生産されたＦ４Ｆ艦上戦闘機やＴＢＦ艦上攻撃機は、ジェネラル・モーターズ社の生産ラインで生産されたことを示すために「Ｍ」記号が採用され、それぞれＦＭおよびＴＢＭと呼称されることになったのである。

Ｆ６Ｆ艦上戦闘機の構造で最も特徴的であるものの一つが主翼の折りたたみ方法であった。Ｆ４Ｆの場合主翼の全幅は一一・六メートルに達したが、この主翼は折りたたむことができなかった。このために航空母艦の格納庫内での本機の占有面積は大きくなり、艦上戦闘機を数多く搭載することが不可能であったのだ。一方Ｆ６Ｆはこの問題を解決するために全幅一三メートルという大型の主翼を持ちながら、独特の主翼折りたたみ方式を採用することにより全幅をわずか五・四メートルに短縮することが可能となり、大型艦上戦闘機でありながら格納庫内により多くの機体を搭載することが可能になったのである。

実際の例を見ると、ミッドウェー海戦時の航空母艦エンタープライズの搭載機数は合計七八機で、その中の艦上戦闘機F4Fの搭載数は二七機であった。一方マリアナ沖海戦時の同じエンタープライズのF6Fの搭載機数は、大型機でありながら三一機に増えていたのである。

F6Fは両主翼の主車輪の外側で、主翼をヒンジを軸として主翼の前部分を下側になるように、主翼を捩じるようにして胴体に並行して後ろ側に折りたたむ方式がとられていたのである。つまり本機は本来であれば一機で占有する面積に、二機の機体を収容することが可能であったのである。

ただこの方式を採用したために本機の主車輪の収納方法は独特にならざるを得なかったのだ。主翼の折りたたみ方が独特であったために、主車輪は内側または外側に引き込ませることが不可能となり、車軸を支柱を後方に引きこむと同時に九〇度回転させて主翼内に収める方式が採られたのであった。

本機の武装はF4Fの一二・七ミリ機関銃四梃に対し六梃と強化されていた（後には一二・七ミリ機関銃二梃を撤去し、二〇ミリ機関砲二門を搭載した武装強化型も登場している）。

F6F-3は大量生産されたが、つぎに現われたのがF6F-5であった。本機は-3型と大きな差異はないが、戦訓に照らしてコックピット周辺やエンジンカウリング周りの改良、さらに尾輪の強化と補助翼の動きの改善のための工夫が施された機体であった。そしてこの機体がヘルキャット艦上戦闘機の最終型となった。

Ｆ６Ｆ－５は一九四四年八月以降の出現となるが、いま一つＦ６Ｆ－６という型式が試作されている。本機は最大出力二四五〇馬力のプラット&ホイットニＲ２８００－18Ｗを装備した機体で、一九四四年七月に試作され最高時速六七一キロを記録した。なお本機はそれまでの三枚ブレードのプロペラに対し四枚ブレードを装備していた。ただ戦況はすでにＦ６Ｆのこれ以上の性能向上型を必要とする状況ではなく、本機は試作のみで終わっている。

Ｆ６Ｆヘルキャットには、－３型と－５型を母体にした夜間戦闘機と写真偵察機が少数ではあるが造られている。夜間戦闘機型は主翼右端に小型のレーダーポッドを装備し、レーダーの操作はパイロットが行なった。一九四四年九月以降、大型空母に少数機（三〜五機）が配置され、夜間に襲ってくる日本の攻撃機の撃退に運用されていた。これらの機体はＦ６Ｆ－３ＮまたはＦ６Ｆ－５Ｎと呼称された。また機体の操縦席背後に垂直式の偵察用カメラを搭載した写真偵察機型が運用されたが、これらはＦ６Ｆ－３ＰまたはＦ６Ｆ－５Ｐである。

Ｆ６Ｆの生産は第二次大戦の終結とともに生産ラインは閉じられている。本機の生産総数は一万二二七四機とされている。わずか二年八ヵ月間の大量生産であり、大量のパイロット（その大多数を占めたのが大学から海軍に入隊し将校パイロットとなった、いわゆるアメリカ版の学徒兵であった）とともに対日侵攻作戦の機動部隊の主力戦闘機として投入されたの

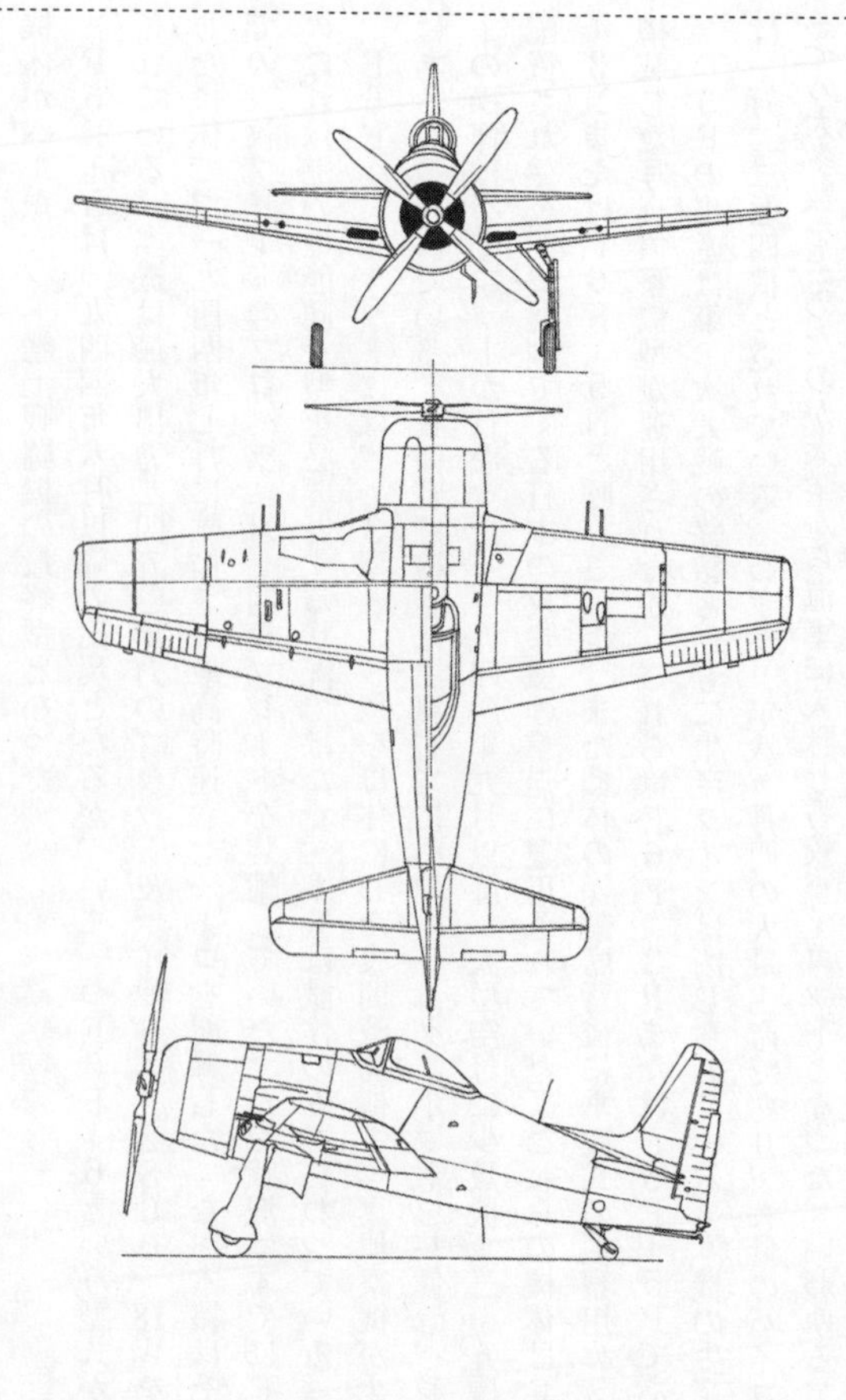

グラマンF8Fベアキャット

である。生産量はF6F－3型が約五〇〇〇機、－5型が約七二〇〇機とされている。

F6Fの生産が早期に終了したのには理由があった。それはすでにF6Fの後継機ともなるべき、はるかに優れた性能の次期艦上戦闘機F8Fベアキャットが完成しており、量産ラインの稼働が始まっていたからであった。

## ヘルキャット戦闘機の戦闘記録

太平洋戦線のヘルキャット

グラマンF6Fヘルキャットの戦場は、そのほとんどすべてといってよいほど太平洋戦域であった。太平洋戦域に派遣された日本海軍や陸軍将兵、そして厳しい戦場に投入された徴用商船乗組員たちは、来襲する敵機を単に「グラマン」と呼んでいた事実がある。もちろん来襲する敵機には様々な機種があったであろうが、そのなかでも戦争後半には来襲する敵機の半数以上がグラマンF6F艦上戦闘機であったことが想像されるのである。事実アメリカ海軍の空母運用記録を眺めても、出撃する艦載機の半数以上は戦争前半はグラマンF4F、後半はF6Fとなっている。

グラマンF6Fヘルキャットの最初の実戦投入は一九四三年八月三十一日に実施されたマーカス島（南鳥島。東京の南東一七〇〇キロにある孤島で日本海軍の太平洋哨戒の拠点基地の一つ）への攻撃であった。F6F－3は一九四三年四月頃より量産機の部隊配備が始まり訓練が開始されていた。そして七月頃より各航空母艦への本機の配備が開始されている。

マーカス島攻撃は奇襲であった。この作戦には大型空母二隻（エンタープライズおよびエセックス級のヨークタウン）と軽空母一隻（インデペンデンス級のインデペンデンス）が投入された。この作戦では三隻の航空母艦に合計八四機のF6F－3が搭載されていた。ヨークタウンの搭載機はグラマンF6F三六機、ダグラスSBD艦上爆撃機三六機、グラマンTBF艦上攻撃機一九機の合計九一機であった。

このときのグラマンF6Fの役割は地上銃撃が主体であり損害はなかった。そしてこの翌日の九月一日にはギルバート諸島の攻撃が展開されている。この攻撃にはインデペンデンス級軽空母二隻（プリンストンおよびベローウッド）が投入されたが、艦上戦闘機としてはグラマンF6Fが合計三八機であった（一隻あたりの搭載機数はF6F一九機およびグラマンTBF一二機の合計三一機）。

一九四三年十一月十三日から展開されたギルバート諸島の攻略作戦（タラワ島上陸作戦）では五隻の護衛空母が上陸支援攻撃に投入されたが、この中の四隻はサンガモン級大型護衛空母で、この四隻にはF6F－3が合計八八機搭載されており、上陸支援の地上攻撃が展開されている（残る一隻はカサブランカ級小型護衛空母で、本艦には艦上戦闘機としてはFMが搭載されていた）。

その後のアメリカ海軍はエセックス級大型空母の逐次就役とインデペンデンス級軽空母

（全九隻）が加わり、空母機動部隊はしだいに強化されていった。一九四四年二月十七日、十八日の両日にわたり展開された日本海軍の最重要拠点トラック島に対する攻撃では、大型空母六隻（エセックス級空母五隻およびエンタープライズ）とインデペンデンス級軽空母六隻が投入されたが、このとき艦載機合計六二〇機のうちＦ６Ｆは二五九機をしめていたのである。

グラマンＦ６Ｆ艦上戦闘機の実戦の場への登場は一九四三年後半からであったが、当時のアメリカ海軍機動部隊の戦闘機戦力に対峙する日本側戦闘機は零式艦上戦闘機のみであった（この頃の零戦は初期の二一型、二二型、三二型が主体で、より高性能の五二型がやっと出始めた時期であった）。ただ戦争勃発以来のベテラン搭乗員は次々と失われており、搭乗員の練度はすでに大幅に落ち始めていた時期であった。また零戦の量産は引き続く損害をカバーするにはいたらず、搭乗員も同じく補充されるのは練度の低い者が大半を占める状況になりつつあったのである。

つまりグラマンＦ６Ｆ艦上戦闘機の実戦への登場は、日本海軍航空隊の戦闘機戦力の退潮が始まった頃であったのだ。そして以後は日本海軍とアメリカ海軍機動部隊の航空戦力は、その質と量において格差が広がる一方となったのである。空中戦に際してもアメリカ戦闘機隊は二機一組による相互協力の戦闘態勢を堅持し、量が少ないがために単機で空中戦に突入せざるを得ない日本機に対し、つねに優位な戦いを展開することになったのである。

この大量のF6F戦闘機と日本側の戦闘機を含めた攻撃隊の空戦結果の惨状は、一九四四年六月に展開されたマリアナ沖海戦で如実に証明されている。

このときの日本海軍の戦力は航空母艦九隻（大型空母五隻、軽空母四隻）で、一方のアメリカ海軍は航空母艦一五隻（大型空母七隻、軽空母八隻）であった。そしてその航空戦力は日本海軍は四三〇機（艦上戦闘機二二二機、艦上爆撃機一一三機〈ただしその大半は旧式な零式艦上戦闘機に爆弾を搭載した特設の艦上爆撃機であった〉、艦上攻撃機九五機）で、一方、アメリカ海軍は九五六機（F6F艦上戦闘機四七五機、艦上爆撃機二三二機、艦上攻撃機二四九機）であった。航空戦力において日本側の二倍強となっており、戦闘機戦力でも二倍以上に達していたのである。

この海戦で日本海軍は戦力の七七パーセントに相当する三三〇機を失った。戦闘機にいたってはその八六パーセントが失われたのである。日本側は三群に分けて攻撃隊を出撃させたが、アメリカ空母部隊はこれら攻撃隊を早々にレーダーで探知し、F6Fの大群で待ち伏せていたのである。日本の攻撃隊は敵空母のはるか前方の上空でF6F戦闘機の大群の高位からの攻撃を受け、ほぼ壊滅状態に打ちのめされたのであった。日本の攻撃機が敵空母部隊に与えた損害はわずかにかすり傷程度に過ぎなかったのだ。

このときのアメリカ海軍側の戦闘機パイロットは、その飛行時間は最低でも八〇〇時間以上の経験を積んでいた一方、日本側の戦闘機パイロットはその大半は、戦闘機教育課程を終

（上）マリアナ沖、ヨークタウン艦上のＦ６Ｆ、（下）同じくモンテレイから発進するＦ６Ｆ

えたばかりの実戦未経験者で占められていたのだ。大量のＦ６Ｆと経験豊富な多数のパイロットとの戦いは初めから勝負が決まっていたといえるのである。

Ｆ６Ｆを語る際には、この戦闘機の飛行性能や機能の優秀性について実戦記録から判断することにいささかの疑問を感じるのである。本機の場合は機体の性能以前に「量」が圧倒的な戦果を引き出した、という判定基準も設けなければならないようである。

マリアナ沖海戦時のエセックス級大型空母とインデペンデンス級軽空母の艦載機の数はつぎのようになっていた。

エセックス級航空母艦

艦上戦闘機　グラマンF6F－3　三六機
　　　　　　グラマンF6F－3N　四機
艦上爆撃機　カーチスSB2C－1　三三機
艦上攻撃機　グラマンTBF－1　二〇機
　　　　　　　　　　　　　　合計九三機

インデペンデンス級軽航空母艦

艦上戦闘機　グラマンF6F－3　二六機
艦上攻撃機　グラマンTBF－1　九機
　　　　　　　　　　　　　　合計三五機

一方の日本側の搭載機数はつぎのようになっていた。

「翔鶴」級航空母艦

艦上戦闘機　零式艦上戦闘機五二型　三八機

艦上爆撃機　「彗星」二二型　二〇機
艦上攻撃機　「天山」一二型　一八機
合計七六機

「千歳」級軽航空母艦
艦上戦闘機　零式艦上戦闘機二一型　二二機
（戦闘爆撃機として運用）
艦上攻撃機　「天山」一二型　六機
合計二八機

グラマンＦ６Ｆ戦闘機の特徴は際立った高い性能を持ってはいなかったが、敵に打ち勝つ必要最低限の性能は維持しており、何よりも機体の頑丈さと被弾しても燃え難い、というのが最大の特徴であった。本機の頑丈さは定評があり、多少の損害を受けても飛行不能になる事態は多くの場合避けられ、修理を行なえば再び戦闘への投入は容易であった。そうしたことを例えて「グラマン鉄工所製品」と呼ばれるほどであったのである。

一九四五年に入りアメリカ海軍機動部隊が日本近海に接近し本土攻撃を始める頃には、これらの攻撃部隊を迎撃する日本陸海軍の戦闘機は減少の一途をたどっていた。そのためにＦ６Ｆは主翼や胴体下に五〇〇ポンド（二二七キロ）爆弾、あるいは両主翼下に五インチロケット弾を八～一〇発搭載し、日本の各種軍事施設や鉄道施設、車両、港湾施設に対する地上攻撃を積極的に行なった。そして爆弾やロケット弾投下後は機銃掃射を展開したのであった。

日本側がF6Fの実機を入手することは極めて困難であった。しかし唯一ほぼ完全な姿のF6Fを手に入れる機会が訪れたのである。

一九四五年一月四日午前、アメリカ海軍機動部隊による台湾全域に対する航空攻撃が展開された。このとき台湾中西部の虎尾航空基地の銃撃を行なっていた一機のF6Fがエンジンに不調をきたし、基地付近の畑地に胴体着陸したのである。

パイロットは直ちに基地守備隊によって捕虜となり、機体は海軍の手により調査が行なわれたが、その後の戦況から詳細調査にために日本本土に本機を移送する手段がなく、機体は付近の虎尾神社の境内に移され一般公開されたのである。このとき両主脚や尾輪は引き出され、主翼も折りたたまれているのが残された写真で確認できる。しかしその後、本機がどのようにあつかわれたかについてはまったく不明となっている。

太平洋戦線以外のヘルキャット

グラマンF6F艦上戦闘機の活躍の場は太平洋戦域以外にもあったが、その場と機会は極めて稀な例といってもよいものであった。

F6F－3は一九四三年後半からイギリス海軍に対し二五二機が供与され、イラストリア

## 177 グラマンＦ６Ｆヘルキャット艦上戦闘機

編隊飛行を行なうＦ６Ｆ

ス級などの大型航空母艦に一部が配備されたが、艦上戦闘機の主体は使い慣れたスーパーマリン・シーファイア戦闘機（スピットファイア戦闘機の機体の一部に改造を施し艦上戦闘機にした機体）であった。

イギリス海軍のＦ６Ｆが大西洋戦域で実戦に投入された例は、一九四三年十二月から翌年四月にかけてくり返し展開された、ドイツ戦艦ティルピッツに対するイギリス海軍機動部隊の攻撃時であった。

この一連の作戦では、一回の攻撃に際しイラストリアス級大型航空母艦とフユーリアス級旧式大型航空母艦それぞれ一隻と、そしてカサブランカ級護衛空母二〜三隻で機動部隊を編成し、ノルウエー北部のフィヨルドに避泊している巨大戦艦ティルピッツに対し急降下爆撃を加えている。このとき大型空母の艦上戦闘機にＦ６Ｆが搭載され、攻撃隊の援護を行なったいきさつがある。

このときに実際の攻撃を行なったのはフェアリー・バラクーダ艦上攻撃・爆撃機で、毎回各機に一発の一〇〇〇ポンド（四五四キロ）爆弾を搭載し急降下爆撃を展開したが、複数の命中弾は得たが、戦艦ティルピッツの完全撃破にはいたっていない。この戦闘でF6F戦闘機がドイツ戦闘機と空戦を交えたか否かについては不明である。

なおイギリス海軍航空隊では艦上戦闘機には、種々の問題を抱えるスーパーマリン・シーファイア戦闘機を頑なに運用する意向があった。その一方で艦上戦闘攻撃機として、アメリカ海軍では運用に当時消極的であったヴォートF4Uコルセア艦上戦闘機を多用し、グラマンF6Fの運用例は多くはなかったのである。

戦後のヘルキャット

グラマンF6Fヘルキャットは第二次大戦の終結とほぼ同時にその生産ラインを閉鎖した。そしてアメリカ海軍からその姿が急速に消えていったのである。それはヘルキャットに続く次期戦闘機としてグラマン社はすでに高性能なF8Fベアキャット艦上戦闘機の量産をスタートさせていたからである。

F8Fベアキャットは零式艦上戦闘機の設計理論を研究し、「アメリカ式の軽量戦闘機」として開発された次期艦上戦闘機であり、その高性能ぶりは同時期の陸軍の主力戦闘機であるノースアメリカンP51マスタングと拮抗するほどであった。F6Fとは性能的に格段の進化の見られた戦闘機であったのである。

F6F-5ヘルキャットの最高時速は六一二キロであるのに対し、F8Fベアキャットは六九八キロを記録していた。また上昇力はF6F-5が四二六七メートルまで五分を要するのに対し、F8Fは同じ五分で六七九七メートルに達するという高性能を発揮していたのである。そして量産型のF8F-1の実戦部隊への配備は、すでに一九四五年八月に始まっていたのであった。

F6Fは戦争終結とともに一部は州海軍航空隊（ANG）に配備され、友好国に供与されたりもしたが、予備機として保管されていた機体や実戦配備されていたものは急速に廃棄処分されその姿を消していったのだ。

戦争終結翌年の一九四六年六月に、アメリカ海軍航空訓練部は航空技術の国内向けデモンストレーション組織として、曲技飛行チーム「ブルーエンジェルス」を創設した。このときの同チームの初代使用機はグラマンF6F-5ヘルキャットであった。しかしそれは短期間で終わり、たちまち高性能なF8Fベアキャットと置き換えられ、一九四九年にはジェット艦上戦闘機グラマンF9Fパンサーに更新され、より高度なテクニックをともなった曲技飛行が展開されたのであった。

余剰となったF6Fは戦争終結直後から一部の友好国に対し供与が行なわれている。本機の供与を受けた国は陸軍航空隊のP47サンダーボルトやP51マスタングと比べると極めて少ない。その理由は本機が艦上戦闘機であり、航空母艦を保有しない国では不要と判断されたからである。本機が供与された国はフランス、イギリス、そしてウルグアイである。ただしウルグアイは空母戦力を持っておらず、本機を陸上戦闘機として運用したのである。

この三国の中で最も多数のF6Fの供与を受けたのはフランスであった。フランスは第二次大戦の終結直後から勃発したアジア植民地の独立抗争に対するために、陸海軍部隊をインドシナ半島に派遣し、軍事力の直接行使による鎮圧を図ろうとした。その後事態は好転せず悪化の一途をたどることになったのだ。そして最終的にはアメリカを引き込むベトナム戦争へと発展することになったのであった。

この抗争の初期の段階でフランスは航空隊と空母を現地に派遣している。最初に派遣された空母に搭載されていた艦上戦闘機がグラマンF6Fであったのだ。しかし翌年には機体の消耗にともないグラマンF8Fと順次交代したのである。

このような事情から第二次大戦後のF6Fヘルキャットの姿を探すことは難しい。ただ一つ極めて特殊な用途にF6Fが使われた事例が存在する。それは無線誘導飛行爆弾としての本機の活用である。攻撃機の損害が多く攻撃が困難な目標に対する手段として考案された無線誘導飛行爆弾である。それはF6F－5の操縦席に無線操縦装置を装備し、胴体下に一〇〇〇ポンド（四五四キロ）爆弾一発を搭載し、無線操縦母機（ダグラスADスカイレーダー艦上攻撃機を使用）からの操作によって無人の爆装機を操縦するのである。この無線誘導飛行爆弾は実際に戦闘に投入されたのである。

朝鮮戦争真っ最中の一九五二年八月、エセックス級航空母艦ボクサーに五機の無線誘導爆弾に改造されたグラマンＦ６Ｆ－５Ｋ（飛行爆弾改造機の記号）が搭載された。航空攻撃が難しい目標（対空砲火が厳重で多くの犠牲を払った）を、この無線誘導飛行爆弾で破壊する計画であったのだ。

五機のグラマンＦ６Ｆ－５Ｋは、上空で待機する五機のダグラスＡＤ艦上攻撃機の信号によりそれぞれ発艦した。急峻な北朝鮮東部海岸に架設された鉄道橋の攻撃は、極めて多数の対空火力により守られていて接近が難しく、これまでにも攻撃隊は多くの犠牲を強いられていた。

しかし、攻撃結果は失敗であった。目標の橋に命中したＦ６Ｆ－５Ｋはわずかに一機のみであり、期待された効果は挙げられなかったのだ。この珍しいＦ６Ｆ－５Ｋ無線誘導爆弾による攻撃はこの一回の攻撃のみで、その後は実行されなかった。すでに開発が進んでいた無線誘導ミサイルがそれに代わったのである。

## グラマンＦ６Ｆ戦闘機のエースたち

グラマンＦ６Ｆヘルキャット艦上戦闘機には多数のエースパイロットが誕生している。これは前記したように、ヘルキャット戦闘機が戦場に登場した一九四三年後半頃の太平洋戦域は、圧倒的な強さのアメリカ海軍機動部隊の活動が展開され始めた時期であり、それにともない艦上戦闘機としてF6Fヘルキャットが大量に、それも急速に戦場に現われて、日本の航空戦力を圧倒したからであった。日本の主に海軍戦闘機部隊はこのヘルキャットの大群の中に放り込まれ、多くが撃墜されていったのである。つぎにF6Fヘルキャットのエースパイロットの幾人かを紹介する。

デイビット・S・マッキャンベル海軍中佐

彼はアメリカ海軍航空隊のトップエースである。撃墜記録は最終的には三四機に達しているが、彼の活躍した時期は日本海軍戦闘機隊のパイロットの練度が著しく低下していた時期と一致し、戦闘機パイロットとして彼が真の実力を持っていたか否かには疑問が持たれるところである。事実マリアナ沖海戦の待ち伏せ作戦では、彼らの戦果の半数は日本海軍の艦上攻撃機や艦上爆撃機で、一度に多数機を撃墜する戦果を挙げている者もいる。しかしパイロットとしての練度不足とはいえ零式艦上戦闘機が多数撃墜されたことも事実なのである。

マッキャンベルの戦闘機パイロットとしての初出撃は一九四四年六月のマリアナ沖海戦である。この戦いで彼は待ち伏せ戦闘機隊の隊長として参戦しているが、撃墜戦果は戦闘機ではなくすべてが空中戦のできない艦上攻撃機や艦上爆撃機のみで、その戦果は七機であった。

これは一日の撃墜記録としてはアメリカ陸海軍最高の記録となっている。

その後フィリピンを巡る戦いでは日本の攻撃機など九機を撃墜しているが、相手はまともな戦いのできない特攻機が主体であった。彼は終戦までにさらに一八機の日本機を撃墜しているが、その多くは戦闘機以外の機体であった。いわゆる本格的なエースパイロットとしてはいささか格下の戦闘機エースと陰でささやかれても仕方がないが、間違いなくエースではあった。

セシル・E・ハリス海軍中佐

マッキャンベルに次ぐアメリカ海軍第二位の撃墜記録保持者である。彼の初陣はガダルカナルの戦いで、空母エンタープライズ搭載のグラマンF4Fワイルドキャット戦闘機を操縦し、二機の日本機を撃墜している。

その後、新造のエセックス級航空母艦イントレピッドのF6F戦闘機のパイロットとして、一九四三年十月以降の戦いに参加した。彼はマリアナ沖海戦やフィリピン沖の海戦で、一度に三機の日本機を撃墜するという稀有の戦果を三回も挙げている。

そして彼は、激しい日本機との空中戦で一発の被弾の経験もない、という稀有の記録の持ち主なのである。彼の卓越した空戦技術は大きく評価されるべきものなのだ。彼の最終的な撃墜記録は二二機に達しているが、戦争終結とともに海軍を退役し、本来の仕事であるサウスダコタ州の小学校の教師に復帰している。

ユージン・A・バレンシア海軍少佐

一九四二年四月に海軍少尉に任官したバレンシアは空母部隊の戦闘機隊に配属された。当初は空母戦闘機訓練部隊の配属であったが、翌年九月に新鋭航空母艦エセックスのF6Fヘルキャット戦闘機隊の一員として、マーカス島奇襲作戦に参加した。以後ギルバート諸島攻略作戦にも参加しているが、一九四四年二月のトラック島奇襲作戦終了までに七機の日本機を撃墜している。

その後、第一線勤務を離れるが、一九四五年一月から再び空母戦闘機部隊に復帰、日本近海で行動する機動部隊の戦闘機パイロットとして攻撃作戦に参加している。彼の最終撃墜記録は二三機に達した。

アレキサンダー・ヴラシュー海軍少佐

彼は一九四二年八月にアメリカ海軍航空隊に入隊し戦闘機パイロットとなる。一九四三年八月からエセックス級の新鋭航空母艦レキシントンのF6F戦闘機パイロットとして、マーカス島、ギルバート諸島、トラック島攻撃作戦に参加するが、ここでは撃墜の記録はなかった。

その後、一九四四年六月のマリアナ沖海戦では待ち伏せ戦闘機隊の一員として活躍、この戦いで彼はマッキャンベル中佐に次ぐ、一日に六機の日本機を撃墜するという記録を打ち立てた。

彼の撃墜記録は一九四四年十二月までに一九機に達したが、この月の十四日の出撃で日本戦闘機の攻撃を受け撃墜された。彼は炎上する機体からパラシュート脱出し、その後フィリピンゲリラ部隊に救出され、ともに地上ゲリラ隊として日本軍と戦った。そしてその間に彼はゲリラ隊一個中隊の隊長として指揮を執ることになったのだ。

ヴラシューは一九四五年二月のルソン島へのアメリカ軍の上陸後に友軍に救助され、戦闘機隊に復帰はしたが、その後撃墜記録は伸びていない。

バート・Ｄ・モリスＪｒ海軍少佐

彼の前身はハリウッドスターである。ハリウッドスターで陸海軍航空隊に入隊し活躍した著名な俳優には、ロバート・テイラー、クラーク・ゲーブル、タイロン・パワー、ジェームス・スチュアートなど錚々たる人物がいる。そのなかでモリスは海軍戦闘機パイロットとなった唯一のハリウッドスターである。

彼は一九四二年に海軍航空隊に入隊し直ちに戦闘機操縦課程の教育を受け、翌年九月より空母エセックスのグラマンＦ６Ｆ戦闘機隊に配属された。彼の初撃墜記録は一九四四年六月のマリアナ沖海戦である。その後フィリピン沖海戦や沖縄戦に参戦し、最終撃墜記録は八機であった。

一九五九年に航空母艦の艦長に就任した前記のマッキャンベル大佐の航空母艦を訪問中、艦内事故に遭遇し不慮の死をとげている。享年四五歳であった。

# ヴォートF4Uコルセア艦上戦闘機

## 艦上戦闘機Ｆ４Ｕコルセアの開発

前章で紹介したとおりヴォートＦ４Ｕコルセア艦上戦闘機は、グラマンＦ６Ｆヘルキャット艦上戦闘機と同時に次期艦上戦闘機として海軍から開発を依頼された機体であった。アメリカ海軍は一九三八年に、ブリュースターＸＦ２ＡおよびグラマンＸＦ４Ｆの試験飛行が続いているときに、次なる高性能艦上戦闘機の開発をグラマン社、ベル社、ヴォート社に求めたのである。

指示を受けた三社は陸軍機に負けない高性能な艦上戦闘機を開発すべく、それぞれ意欲的な設計の機体を海軍に提示した。その内容は、グラマン社は極めて斬新な発想にもとづく双発艦上戦闘機ＸＦ５Ｆ、ベル社は陸上戦闘機としてすでに制式採用が内定していたベルＸＰ39を母体にしたＸＦＬ、そしてヴォート社がこれも新たな設計にもとづく艦上戦闘機ＸＦ４Ｕであった。

しかしこの中でグラマン社のＸＦ５Ｆは、あまりにも特異で実用性に疑問が残る機体だったために試験飛行のみで終わり、これに代わり堅実な設計のXF6Fを新たに送り込んだのである。ベル社のXFLは陸上戦闘機であるP39を艦上戦闘機に適合させるために、車輪の配置や操縦席の位置などに大幅な改良が加えられたが、期待した高性能が得られず、また海軍が液冷式エンジンを装備した艦上機に対し消極的な姿勢なために、本機も採用にはならず、XF4Uが試作を進めることになったのであった。

ヴォート社のこの機体に対する開発の基本構想は、「最強のエンジンを搭載し、最良の運動性を発揮する艦上戦闘機」であった。ヴォート社がこの機体に搭載予定であったエンジンは、最大出力二〇〇〇馬力のプラット&ホイットニXR2800エンジンで、実用段階に入りつつあった最新型のエンジンであった。海軍はヴォート社に対し一九三八年六月に本機の試作を正式に命じたのである。

この機体には様々な特徴ある構想が組み入れられていた。その一つが本機の最大の特徴である、主翼への「逆ガル」構造（正面から見た主翼の形状がW字形）の採用であった。この構造を採用したのは、強力なエンジンであるプラット&ホイットニXR2800を採用するためのやむを得ない事情があったのである。

大馬力のエンジンの回転力を最大限に生かすためには、必然的に大きな直径のプロペラを装着しなければならなかった。だが、大直径のプロペラを回転させた場合、機体が地上滑走を行なう際に機体の中心線が地上と水平になったときに、プロペラが地面を叩く可能性が出

(上)ＸＦ５Ｆ、(下)ＸＦＬ

てくるのである。このためには主脚を長くしなければならない。しかし艦上機の場合は航空母艦の飛行甲板への着艦に際しては、機体が飛行甲板に対し強く叩きつけられるような状態で行なわれることが多く、必然的に主脚には十二分な強度が必要となるのである。このために長い主脚は強度に不安がつきまとうことになるのである。

本機の場合は、この懸念を払拭するために主翼を逆ガル形状にすることにより主脚の長さを短縮することにしたのである。しかし主翼に逆ガル構造を採用したために、機体には流体的に特有の障害が生じることにもつながったのであった。

XF4U

試作機のXF4Uのエンジンには本来のプラット&ホイットニXR2800ではなく、最大出力が一八五〇馬力のR2800-4が搭載された。そしてこの試作機は一九四〇年五月に完成し直ちに試験飛行が開始された。これは競合相手のグラマンXF6Fよりも早い完成であった。

そして試験飛行の結果、XF4Uの最高時速は六四〇キロが記録されたのである。この記録は当時陸軍航空隊が主張していた、「空冷エンジンの機体では時速四〇〇マイル（時速六四〇キロ）を超えることはできない」とする主張を完全に覆したことになったのである。

その後の試験飛行の結果も海軍を満足させるところとなり、海軍は一九四一年六月に本機をF4U-1として、ヴォート社に対し量産命令を下したのである。

しかし当時すでに展開されていたヨーロッパにおける第二次大戦の航空戦の戦訓から、本機には様々な改良が求められたのである。それは航続距離の伸長、防弾設備の完備、武装の強化などであった。

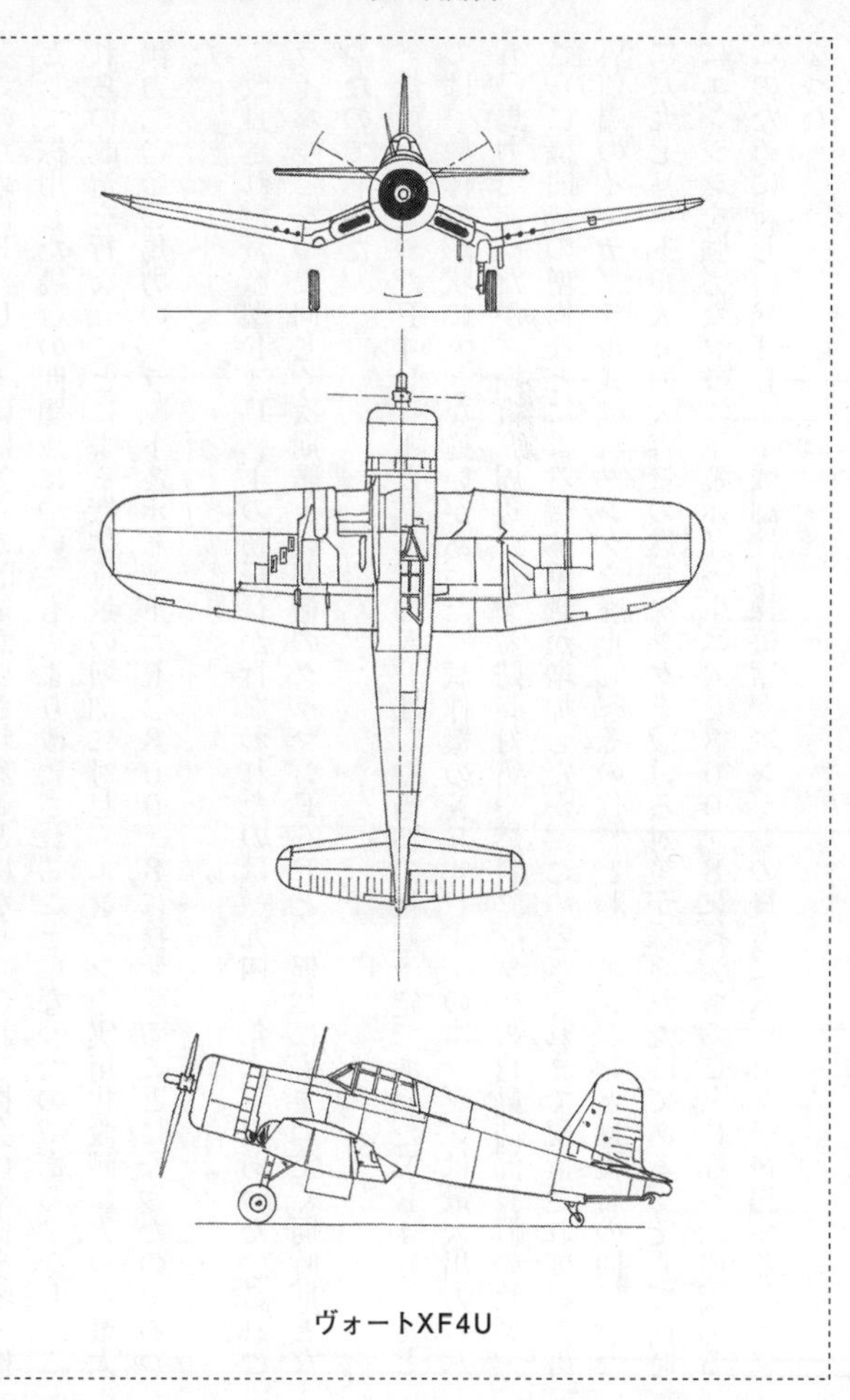

ヴォートXF4U

このためにF4U−1には多くの改造が施されることになり、これを機会に本機を艦上機として採用した場合の問題点についても、より改善されることになったのである。そしてこれらの改造を行なうことによる機体重量の増加に対し、エンジンを実用化段階に入った最大出力二〇〇〇馬力のプラット&ホイットニR2800−8に換装することになったのであった。

改良された量産型F4U−1の初飛行が行なわれたのは一九四二年六月であった。これはライバルとなった同じく次期艦上戦闘機のグラマンF6Fと、偶然にもまったく同時期となったのであった。

量産が決まったF4U−1と試作機のXF4Uや当初の量産予定であったXF4U−1とでは、機体の形状に大きな違いがあった。試作機のXF4U−1のエンジンは最大出力一八五〇馬力であったが、操縦席周辺に対する防弾対策や燃料タンクへの自動防漏装置の装備、さらに機関銃の増備などによる機体重量が増加したが、このときそれまで配置されていた外翼前端のインテグラル式燃料タンクを廃止し、その代替としてエンジンと操縦席の間に新たに八九七リットル入りの大容量の燃料タンクを設ける対策が採られたのである。そして同時にエンジンを強力なプラット&ホイットニR2800−8に換装することになったのである。このために新しいF4U−1戦闘機は操縦席がエンジンの後方に八一センチ後退することになった。

この操縦席の後方への移動は、艦上戦闘機として、航空母艦への着艦に際し大迎角で接近する際に、前方視界が効かなくなるという致命的な欠陥を作ることになったのである。さらに本機特有の主翼の逆ガル配置は、着艦時に機体が大迎角をとる際に主翼の折れ曲がり部分で主翼表面の気流の剥離現象が起こりやすくなり、失速につながる可能性が生じることが判明したのであった。

しかし、この着艦に際して大迎角をとる場合の危険性に対しては、本機が甲板上（または地上）においての三点姿勢が可能な限り水平に近くなる工夫を行なうことにより、着艦時の大迎角を抑制することは可能であると判断され、そのために機体の尾輪の高さを増す改良が施され、一応の解決となったのであった。

海軍は総合的には今後抜本的な改良が行なわれないかぎり、本機を艦上戦闘機として運用することは難しいと判断したが、その高速力や優れた旋回性能と上昇力を評価し、暫定的に海兵隊航空隊の陸上戦闘機として運用すると決めたのである。

量産型のＦ４Ｕ－１が最初に実戦の場に投入されたのはソロモン戦線であった。本機は「コルセア」の呼称の下に海兵隊航空隊の二個飛行中隊の陸上戦闘機として、一九四三年二月にガダルカナル島に送り込まれた。コルセア隊は来襲する日本海軍戦闘機や陸上攻撃機の迎撃に出撃をくり返したが、パイロットの実戦経験不足から当初は日本海軍の零戦との空戦では手痛い損害を被っていた。しかしＦ４Ｕ－１の持つ優れた速力や運動性能に慣れたパイ

F4U－1

ロットたちはしだいに本機を乗りこなし、日本戦闘機に対しても有利な空戦が展開できるようになっていったのであった。

しかし本機は陸上戦闘機としては好ましい戦歴を築き始めたが、艦上戦闘機としては、とくに前方視界の悪さが大きな課題となり、海軍は艦上戦闘機としての採用には否定的であった。この問題の根本的な解決策としてヴォート社はF4U－1の操縦席の位置を改める対策を実行したのである。その改造とは操縦席を従来よりも約七インチ（一七・八センチ）高くすることであった。この機体がF4U－1Aであった。

この対策は効果があったようで好評だったのだ。パイロットは航空母艦の飛行甲板に着艦する際に機体の迎角を増してもこれまでのように前方視界が閉ざされることなく、容易に着艦操作を行なうことができたのであった。さらにこの改造と同時にコックピットの風防もそれまでの平滑で桟の多かったフードに代わり、桟の少ない大きく膨らみを持たせたものに取り換えたのである。これはそれまで不評であった後方視界の悪さを大きく改善するとともに、前方や側方の視界の改

197　ヴォートＦ４Ｕコルセア艦上戦闘機

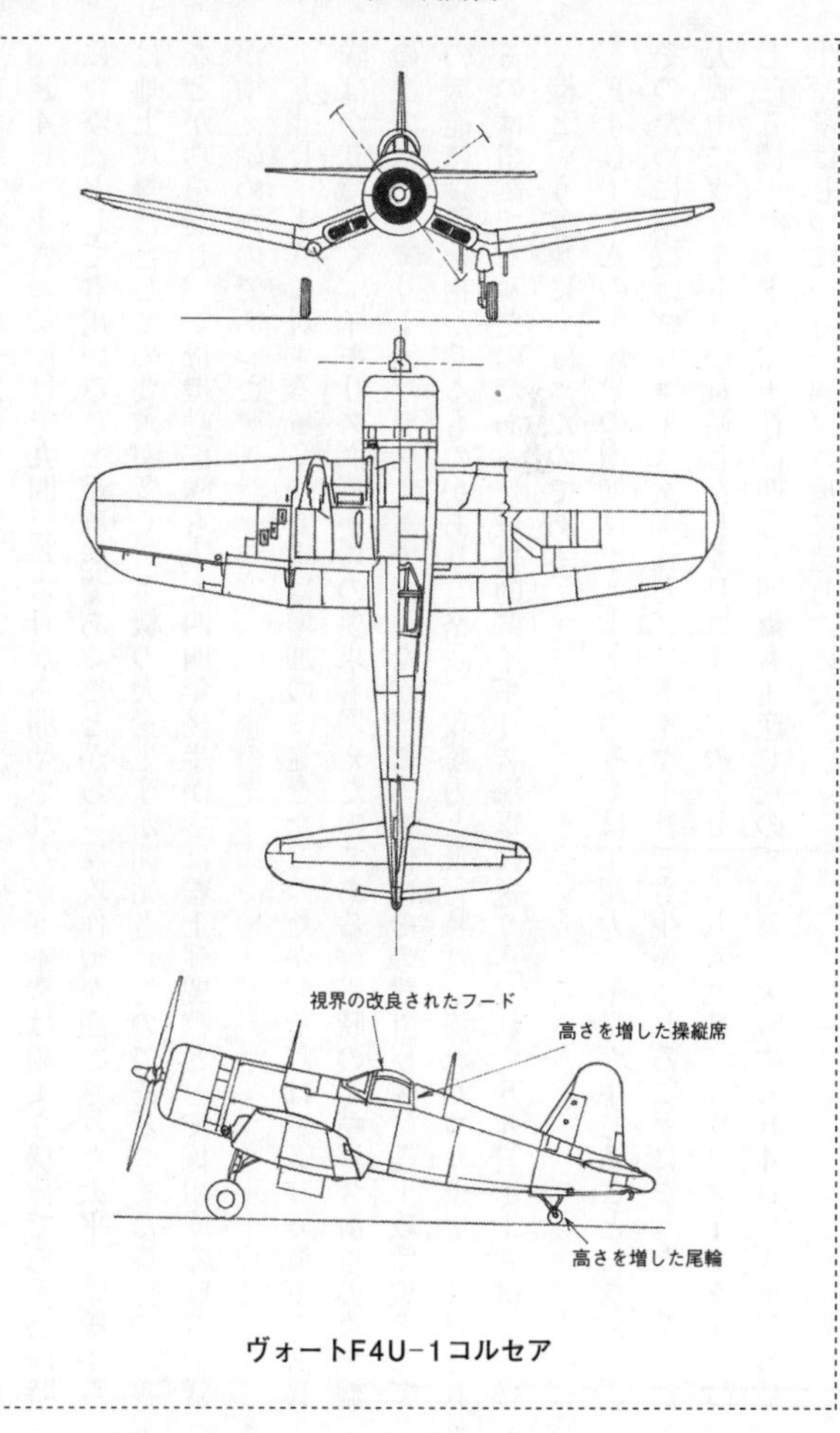


ヴォートF4U-1コルセア

善に大きな福音となったのである。

Ｆ４Ｕ－１Ａの量産は一九四三年六月から開始されたが、本機は頑丈な機体であると同時に攻撃機としても用いることが可能であることから、反攻作戦が開始された太平洋戦線からは地上攻撃機としての要求が多く、本機の大量生産が開始されたのである。また視界の改善などが功を奏し、空母機動部隊も一九四四年後半からは艦上戦闘機として採用する戦闘機隊が増え始めたのであった。

Ｆ４Ｕ－１Ａに対する量産の要求は増加の一途をたどったが、それはアメリカ海軍や海兵隊ばかりでなく、イギリス海軍からの要求も増えたのである。当時のイギリス海軍の攻撃機の主力はフェアリー・バラクーダであったが、この機体はその設計自体に艦上攻撃機としての機能に疑問を抱かせるものがあり、格段に攻撃力と飛行特性に優れたコルセアが注目されるのは当然であったのである。最終的にイギリス海軍に送り込まれたＦ４Ｕ－１Ａは二一〇一機という多数にのぼったのである。

Ｆ４Ｕ－１Ａの生産量の増加はヴォート社のみでは生産力に不足が生じることになった。そのために本機はブリュースター社とグッドイヤー社でも生産されることになった。第二次大戦中にヴォート社が量産したＦ４Ｕコルセアの合計は六六六九機で、ブリュースター社は七三五機、グッドイヤー社は四〇一四機も生産したのである。大戦中のＦ４Ｕコルセアの総生産量はじつに一万一四一八機に達したのだ。

Ｆ４Ｕ－１Ａの性能改善はアメリカ海軍空母陣に大きな興味を抱かせることになった。そして一九四四年四月にＦ６Ｆ－３とＦ６Ｆ－５、そしてＦ４Ｕ－１Ａとの各種の比較飛行試験が実施されたのである。その結果、Ｆ４Ｕ－１Ａは最高時速においては最新型のＦ６Ｆ－５よりも速く、運動性においても明らかにＦ４Ｕ－１Ａの方が優れていることが判明したのである。とくに上昇力においては格段にＦ４Ｕが優れた性能を示したのである。また問題視されていた着艦時の前方視界不良についても完全に改善されており、Ｆ４Ｕ－１Ａは最新型のＦ６Ｆ－５ヘルキャットよりも高性能と判断されたのであった。

アメリカ海軍は一九四四年五月に、Ｆ４Ｕ－１ＡをＦ６Ｆと同等の用途で運用可能との判断を下すことになった。

この結果を証明するように以後Ｆ４Ｕ編成の空母戦闘機部隊の編成が進み、同年十二月以降からはエセックス級大型航空母艦でのＦ４Ｕ戦闘機隊の搭載が増えることになった。

一九四五年一月から展開されたフィリピンのルソン島侵攻作戦時には、エセックス級大型航空母艦一隻あたりの標準的な搭載機は、グラマンＦ６Ｆ戦闘機四四機、ヴォートＦ４Ｕ戦闘機一八機、カーチスＳＢ２Ｃ艦上爆撃機二四機の合計八六機となっており、同年四月から展開された沖縄上陸作戦時のエセックス級大型航空母艦イントレピッドの場合には、ヴォートＦ４Ｕ－１Ａ六六機、グラマンＦ６Ｆ－５Ｎ（夜間戦闘機型）六機、カーチスＳＢ２Ｃ艦上爆撃機一五機、グラマンＴＢＣ艦上攻撃機一五機の合計一〇二機となっている。この場合

F4U-1Aは、その特性から地上攻撃機としての任務に多用されていたのだ。

（注）空母イントレピットの搭載機数が多いが、これはTBF艦上攻撃機の主翼の独特の折りたたみ方式が、格納庫内での機体収容のための占有面積を小さくすることの効果でもあり、またF4U艦上戦闘機の主翼折りたたみ時の占有面積が小さいことによるものでもあった。

アメリカ海軍がF4Uに対し急速に興味を示した理由の一つに、本機の大きな搭載能力があった。本機は第二次大戦終結後も量産が続けられたが、これは戦闘機としてではなく戦闘攻撃機としての性能が高く評価された点でもあった。戦後も引き続き量産された第二次大戦中に開発された戦闘機は幾種類か存在するが、一〇〇〇機以上量産された機体はグラマンF8Fベアキャットと本機だけである。

コルセアの構造

ヴォートF4Uが出現したとき、その姿に多くの飛行機関係者は驚かされたのである。戦闘機、それも艦上戦闘機に逆ガル式の主翼を配置することの異常さに関係者は疑問を持ったのである。しかし本機が逆ガル式の主翼を採用しなければならなかった理由はすでに述べたとおりである。

正面から見たＦ４Ｕ

主脚の長さを短縮するための工夫が逆ガル式主翼の採用であり、ガル構造の底面の屈曲部分に主脚を配置することにより、主脚の長さを短縮することが可能になるのである。

もう一つ逆ガル構造の主翼を配置することによるメリットがあるのだ。胴体に対し低翼配置にした場合、主翼と胴体の接続部分では空気干渉により極端な渦流が発生し、機体の性能に大きな影響を与えるのである。このために低翼配置の航空機の場合には。機体表面での空気の流れを整流に保たせるために、フィレットという構造物を配置することになるのである。この構造物は機体の工作複雑な作業となるのである。しかし逆ガル構造の主翼を胴体に接続する場合には、主翼の主桁を胴体の中心線に合わせて結合する必要がある。この場合主翼の胴体に対する配置関係は中翼式と同等になり、フィレットを必要とせず、機体の工作上の簡素化と空気抵抗の軽減を図ることが期待できるのである。

本機の構造は基本的には全金属製であるが、主翼の外翼の主桁後方部分と補助翼、そして尾翼の動翼が羽布張りであることが本機の大きな特徴である（この構造は後期生産型のF4U－5以降からは全金属製に変更されている）。

本機の試作機では武装はエンジンカウリング上部に七・七ミリ機関銃二梃と両主翼にそれぞれ一二・七ミリ機関銃二梃の装備であった。また燃料タンクは主翼付け根付近にインテグラル式燃料タンクが配備されていた。しかし量産型では武装が強化され、機首カウリングの機銃は撤去され、両主翼に一二・七ミリ機関銃各三梃の装備となった。また防弾構造ではないインテグラル式タンクは廃止され、エンジンと操縦席との間に新たに燃料タンクが配置されることになった。このために操縦席は試作機と比較すると量産型では当初より八一センチ後方に移動することになったのである。

この操縦席の位置の後退は本機の着艦特性を大きく損なうものとなり、その後に問題を残すことになったが、その後操縦席を七インチ（約一七・八センチ）ほどかさ上げする対策が講じられ、視界不良の問題はほぼ完全に解決されることになったのは前述のとおりである。

本機には逆ガル配置の主翼以外に機体設計上の大きな特徴があるのだ。その一つが大直径のプロペラの回転が起こす強力な後流に対処するために、垂直尾翼の角度が左側に二度ばかりオフセットされて取り付けられていることである。また機体が横滑りした場合に発生する垂直尾翼の失速を防止するために、垂直尾翼の位置が水平尾翼よりも少し前方に配置されていることである。このような配置の機体は極めて稀で、実用機としてはイギリス空軍のデ・

ハビランド・モスキート多用途機や、少数が生産されたイギリス海軍のブラックバーン・ロック艦上戦闘機やブラックバーン・スクア艦上攻撃機に見られる程度である。

Ｆ４Ｕコルセアの外観上で確認できる構造上の特徴の一つに、両主翼の付け根に設けられた空気取入口がある。この方式を採用した空冷式エンジン機は極めて珍しい。

本機では気化器や滑油冷却器への空気取入口は空気抵抗の低減のために、エンジンカウリング下部に配置することはせずに両主翼の付け根に設けたのである。しかしこの配置は後に一つの問題を引き起こすことになったのである。それは本機が地上攻撃機として多用されると、地上砲火を受けた際にこの部分への被弾が比較的多く、エンジン不調を起こし撃墜、または不時着せざるを得ない事態が増えることになったのである。しかし後にエンジンをプラット＆ホイットニＲ２８００－42Ｗに交換した際に、空気取入口はエンジンカウリング下部に移される改良が施されて問題は解消されている。

なお本機が地上姿勢にあるときに明確に確認できるが、尾輪の高さが他機種に比較して異常に高いことがある。これはすでに述べたとおり、着艦時の機体の姿勢を可能な限り水平に近い状態に保たせるための工夫なのである。

Ｆ４Ｕのコックピットの後方は典型的なレイザーバック式である。そのために試作機を含め初期の生産型のＦ４Ｕのパイロットは、桟の多い風防と合わせ後方視界や全周視界の悪さが多く指摘されていた。この対策のためにＦ４Ｕ－１Ａからは桟の少ない膨らみのある風防

AU−1

に交換されたが、その後さらに桟のないより膨らみの大きな風防に換装され、同機の視界不良問題は解決された。

コルセアは戦後も量産が続けられたが、その理由には本機が地上攻撃機として優れた性能を持っていたことが挙げられる。本機の優れた飛行特性、単発機としては異例の多くの爆弾などの搭載が可能であること、機体が頑丈であることなどは、新たに開発されたダグラスＡＤスカイレーダー艦上攻撃機とともに、むしろ軽快な地上攻撃に適した機体として評価されたからである。

そして第二次大戦後、コルセアはさらに進化して量産された。戦後開発されたＦ４Ｕ−６などは低高度の地上攻撃専用機として開発されている。本機は低高度で最大出力を発揮するプラット&ホイットニＲ２８００−83ＷＡエンジンを搭載し、主翼の強度を増し、胴体下と主翼下を合わせ最大三七一九キロ

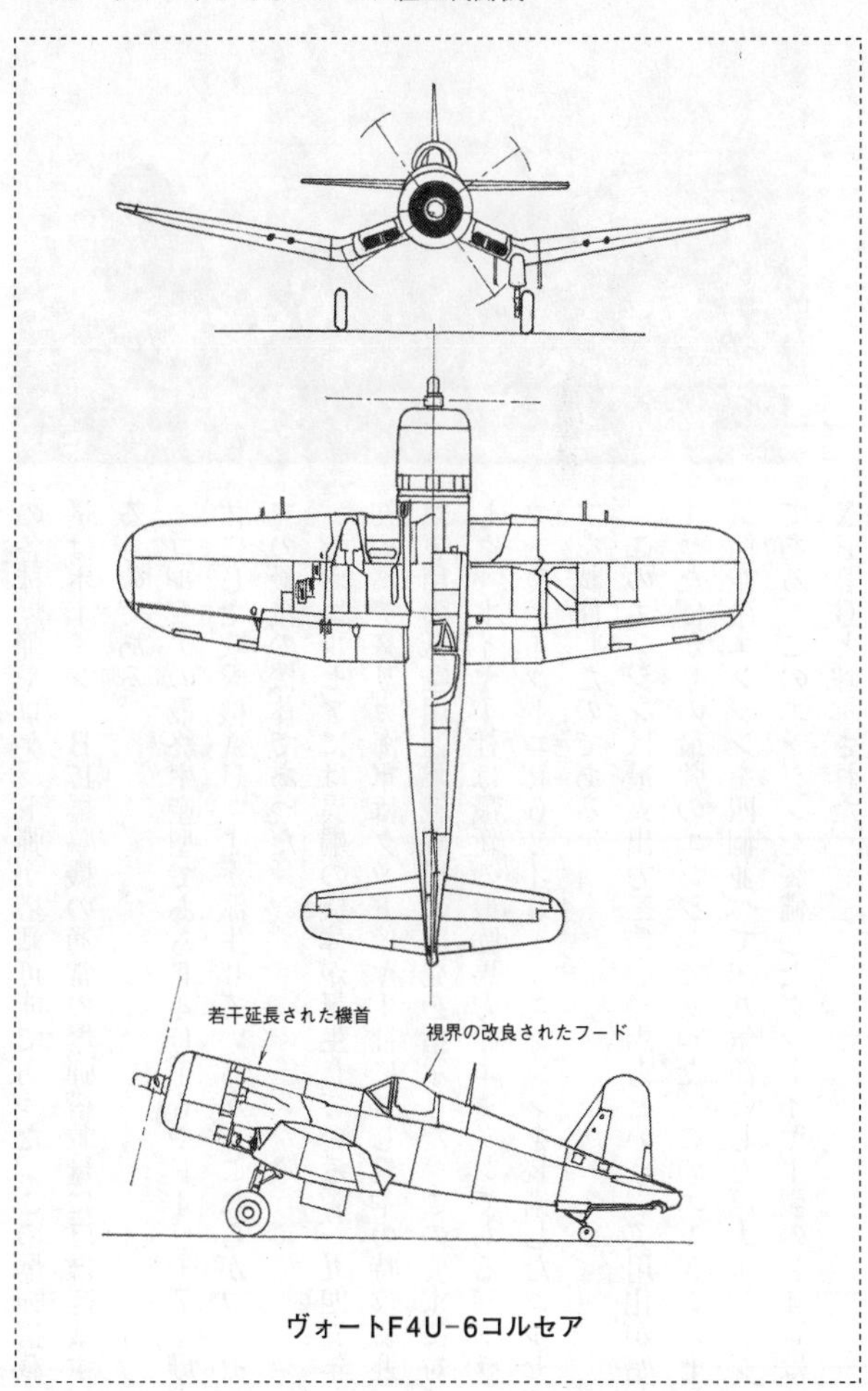


ヴォートF4U-6コルセア

Ｆ２Ｇ

の各種爆弾やロケット弾が搭載可能であった。この爆弾搭載量はボーイングＢ17爆撃機の通常の爆弾搭載量にほぼ匹敵するものである。

コルセアの最終生産型であるＦ４Ｕ－６やＦ４Ｕ－７を母体にした攻撃機ＡＵ－１が派生しているが、これらがコルセアの最後の機体であった。

なおコルセアには異端の機体が誕生している。一九四五年初めにアメリカ海軍はグッドイヤー社に対し日本の特攻機迎撃専用の低空用迎撃戦闘機の開発を指示した。この要求に対しグッドイヤー社は最新の最強馬力のエンジンである、プラット＆ホイットニＲ６３４０－４エンジンを装備したコルセアを試作したのである。

このエンジンは最大出力三〇〇〇馬力という、実用化が始まったばかりの最強のエンジンであった。このエンジンは七気筒空冷エンジンを四個並べて二八気筒とした巨大エンジンである。このエンジンを装備したグッドイヤー製のＦ４ＵはＸＦ２Ｇと呼称された。

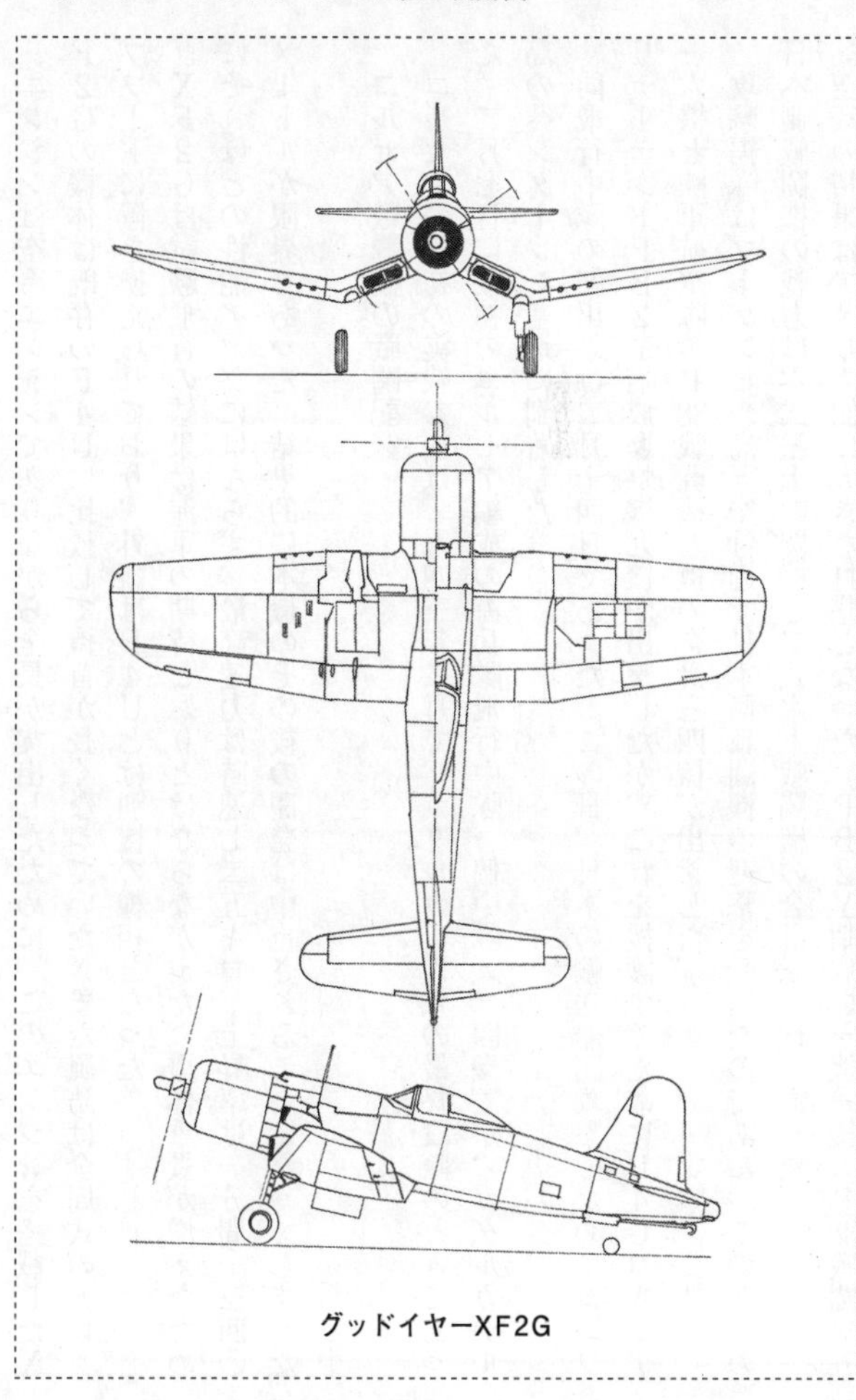

グッドイヤーXF2G

エンジンは空冷エンジンでありながら全長が突出したために、このエンジンを搭載したXF2Gの機体は既存のF4Uに比較して機首が長くなっていた。また風防は全周式のドロップフードに置き換えられており、外観はF4Uとは別機の様相となった。

XF2Gは試験飛行の結果は海軍の期待どおりとはならなかった。機体重量が増えたためにそれほどの性能アップにはならず、最高速力は時速七二五キロ、上昇率は一分間一三四〇メートルが限界であった。結果的に本機のその後の開発は中止されることになってしまった。

コルセア戦闘機の戦闘記録

コルセアの最初の実戦参加は一九四三年二月で、ガダルカナル戦の最終段階のときであった。二月七日に最初のコルセア編成の海兵隊飛行中隊一個中隊（二四機）が、ガダルカナル島のヘンダーソン基地に到着した。

同飛行中隊の初出撃は二月十四日であった。この日、日本の輸送船団攻撃のためにコンソリデーテッドPB2Y哨戒爆撃機九機が出撃したが、これを援護するためにF4Uコルセア一六機と陸軍航空隊のP38戦闘機九機の合計三四機が出撃した。

攻撃編隊はブーゲンビル島上空付近で日本側戦闘機の迎撃を受けたのである。このときの日本側戦闘機の戦力は零式艦上戦闘機と二式水上戦闘機の合計三一機であった。

空戦の結果はアメリカ側に大きな打撃となった。PB2Y哨戒爆撃機一機、P38戦闘機五

ソロモンにおけるＦ４Ｕ

機、Ｆ４Ｕ二機の合計八機が失われたが、日本側の損害は零式艦上戦闘機一機のみであった。アメリカ側の完敗となったのである。コルセアのパイロットたちは日本の零式艦上戦闘機が尋常な相手ではないことを空戦初日から思い知らされたのである。

この後ガダルカナル基地の海兵隊コルセア隊と零戦の間の激しい空中戦は、頻繁に展開されることになったのであった。そしてガダルカナル島基地へは逐次コルセア戦闘機隊の派遣が続くことになり、戦闘機戦力はしだいに日本側戦闘機隊を圧倒するようになり、多くのコルセア・エースが誕生することになった。しかしＦ４Ｕコルセアは艦上戦闘機でありながら、空母機動部隊の戦闘機戦力にはならなかった。あくまでも海兵隊陸上基地航空隊の戦闘機としての活動範囲にあったのである。そのために当初のコルセア戦闘機の活動舞台はソロモン戦線に限られていたのである。

海兵隊航空隊のコルセア戦闘機の派遣が続くにしたが

い、当初ソロモン戦線の海兵隊航空隊の主力戦闘機であったグラマンF4Fワイルドキャットは姿を消してゆくことになった。そして一九四三年五月頃からはソロモン戦線のアメリカ戦闘機隊の主力は、ヴォートF4Uコルセアと航続距離の長い陸軍航空隊のロッキードP38ライトニングに移行してゆくことになった。

一方空母機動部隊の艦上戦闘機は、コルセア特有の飛行特性から艦上戦闘機としての採用は行なわれず、一九四三年八月頃からはF4Fワイルドキャットから、新鋭のグラマンF6Fヘルキャットに置き換えられてゆくことになったのである。

しかしアメリカ海軍で忌避されていたコルセアを積極的に艦上戦闘・攻撃機として採用したのがイギリス海軍であった。イギリス海軍は一九四三年中頃までは、主力艦上戦闘機としてスーパーマリン・シーファイア戦闘機を多く搭載していたが、一九四四年当初頃から艦上戦闘機として前方視界が改善されたF4U－1Aコルセアを、大型航空母艦用の艦上戦闘機として積極的に運用するようになったのであった。

事実イギリス海軍の機動部隊が一九四四年四月から七月まで数回にわたり展開した、北欧ノルウェーのフィヨルドに避泊していたドイツ海軍の巨大戦艦ティルピッツ攻撃では、コルセア戦闘機が機動部隊の戦闘機の主力として作戦に投入されたのである。

一九四四年四月十七日の第一回目のティルピッツ攻撃には、イギリス海軍の大型旧式航空母艦フユーリアスとイラストリアス級大型航空母艦ヴィクトリアスとインディファティガブルの二隻、そして護衛空母三隻が参加したが、このとき急降下爆撃隊としてフェアリー・バラクーダ艦上攻撃機四五機と、これを護衛するためにヴォートF4U－1Aコルセア戦闘機五六機が投入されたのであった。そしてイラストリアス級航空母艦にはそれぞれ二八機のコルセア戦闘機が搭載されていたのであった。

一方イギリス海軍極東艦隊も、イラストリアス級空母イラストリアスとヴィクトリアス（当初はアメリカ海軍の大型空母サラトガも編入されていた）で編成された機動部隊を、一九四四年四月から一九四五年一月頃にかけて、日本軍に占領されていたインド洋のアンダマン諸島やニコバル諸島、さらにスマトラ島やジャワ島の日本軍各種施設の攻撃に投入した。このときも各空母にはヴォートF4U－1Dが二四機〜二八機搭載され、艦上戦闘・攻撃機として地上攻撃や制空戦闘を展開していたのである。

その一方でアメリカ海軍も改善されたF4Uを、一九四四年十一月頃から一部のエセックス級航空母艦に艦上戦闘機としての搭載を開始していた。そして一九四五年一月に展開されたルソン島侵攻作戦で、初めてコルセアがアメリカ海軍機動部隊の艦上戦闘機としての出撃を開始したのであった。この作戦に投入された航空母艦の一隻エセックスの搭載機の内訳は、グラマンF6Fヘルキャット艦上戦闘機四四機、カーチスSB2C艦上爆撃機二四機、ヴォートF4U艦上戦闘機一八機の合計八六機であった。

さらに二月に展開された硫黄島侵攻作戦に投入されたエセックス級大型航空母艦にもコル

F4Uの編隊

セアが搭載され、上陸軍に対する支援の地上攻撃を展開することになった。このとき参加したエセックス級空母の搭載機の内容は、空母ベニントンに例をとると、グラマンF6Fヘルキャット艦上戦闘機三七機、グラマンTBF艦上攻撃機三〇機、ヴォートF4U戦闘機三五機の合計一〇二機となっている。

そして三月より展開された沖縄上陸作戦の事前攻撃となった南九州方面への攻撃時、アメリカ海軍機動部隊のエセックス級空母の搭載機は空母フランクリンの搭載機の内訳をみると、ヴォートF4U－1D艦上戦闘機六七機、グラマンF6Fヘルキャット艦上戦闘機（夜間戦闘機型）七機、カーチスSB2C艦上爆撃機一五機、グラマンTBF艦上攻撃機一五機の合計一〇四機となっていた。

（注）この攻撃に際し、空母フランクリンは日本海軍の急降下爆撃に二発の直撃弾を受け大火災を起こした。その結果、沈没寸前までにいたったが何とか持ち直し本国まで自力航行で帰投したが、修理に多くの日数を要し戦争終結時点までに戦線にもどることは不可能となった。その後本艦の修理は成ったが損傷の影響は大きく、エセックス級航空母艦では最も早く退役している。

この作戦に引き続き展開された沖縄上陸作戦では、投入されたエセックス級大型航空母艦ばかりでなく、一部の護衛空母（カサブランカ級）にもＦ４Ｕコルセアが搭載され、上陸軍に対する地上攻撃支援に投入されている。護衛空母ギルバート・アイランズのこのときの搭載機は、ヴォートＦ４Ｕ二四機、グラマンＦ６Ｆ－５Ｐ（夜間戦闘機型）二機の合計二六機となっていた。

一九四五年二月以降、日本の本州沿岸の陸海軍飛行場や鉄道施設、港湾施設に対するアメリカ海軍機動部隊による激しい航空攻撃が展開されたが、このときに機動部隊の大型航空母艦には多くのコルセアが搭載され、地上攻撃を展開している。

一九四五年二月十六日、関東地方は多数の艦載機の襲撃を受けたが、その総数は約六〇〇機とされている。この攻撃の最中に空母エセックス搭載のヴォートＦ４Ｕ－１Ｄコルセアの

イギリス空軍のＦ４Ｕ

一機が日本側の対空砲火により被弾し、茨城県下の霞ケ浦海軍基地付近に胴体着陸したのである。機体は飛行不能ではあったがほぼ完全な姿で日本側に鹵獲された。これは日本側がコルセア艦上戦闘機を完全な姿で入手した最初であった。

その後三月十八日に空母エセックスを出撃したコルセア一六機が宮崎県北部の富高航空基地を襲撃した。この編隊に対し日本側は当時としては異例の戦闘機三〇機による迎撃を行なったが、日本側パイロットの練度不足が影響し一七機が撃墜されたのだ。そして一方のアメリカ側は二機のコルセアを失うことになった。しかしその二機の中の一機が鹿児島県下の笠ノ原海軍航空基地付近の畑に胴体着陸した。本機は完全な姿のコルセアを入手した二機目の機体となったのである。

イギリス極東艦隊の機動部隊は一九四五年四月以降強化され、常時イラストリアス級航空母艦四隻体制を維持しており、沖縄侵攻作戦では台湾北部海域の守備と上陸軍の支援攻撃を展開したが、各航空母艦には多くのコルセアが搭載されていた。

イギリス海軍機動部隊は一九四五年七月頃からは、アメリカ海軍機動部隊と共同作戦を展開、本州沿岸の各種施設や残存艦艇に対し航空攻撃を展開している。このときイギリス空母ヴィクトリアスの搭載機の内訳は、Ｆ４Ｕ－１Ｄ三四機、グラマンＴＢＦ艦上攻撃機一九機、他二機（救難小型飛行艇スーパーマリン・ウォーラス）。またほかの航空母艦には艦上戦闘機シーファイアが搭載されていたが、コルセアの任務は対地上攻撃が主任務であったようである。

なおイギリス海軍で運用されたＦ４Ｕコルセアのほぼすべてには特殊な改造が施されていた。それは同機をイギリス海軍のイラストリアス級空母に搭載する場合、主翼を折りたたんで格納庫に収容すると、主翼の先端が格納庫の天井に接触する可能性があり、そのためにイギリス海軍で運用されたコルセアの主翼は、すべて両主翼の先端を二〇センチ切断したのである。このためにイギリス海軍で運用されたコルセアの主翼先端は、アメリカ海軍や海兵隊で運用された同型機に比較し角形に成形されているのが特徴であった。

このことは低空作戦に投入するイギリス空軍のスピットファイア戦闘機の両主翼先端を切断し、角形に成形したのとまったく同じ発想である。イギリス海軍でのコルセアの運用は低空攻撃が主体であり、この改造はむしろ本機の低空での運動性の向上にもつながったのである。

終戦直前頃のイギリス海軍のコルセアの日本本土攻撃は、その主体が低空での港湾攻撃であり多くの大小の艦艇を攻撃している。その攻撃対象の中には完成間近の特設航空母艦しまね丸、海防艦「天草」、高速標的艦「大浜」などがあり、いずれも大破着底か沈没している。

第二次大戦中のヴォートF4Uコルセアの艦上機としての活躍は、アメリカ海軍では未消化に終わってしまった感があるが、皮肉なことに本機の優れた性能の真価が存分に発揮されたのは、戦後になってからであったのだ。

## 戦後のコルセア

ヴォートF4Uコルセアに対する評価は第二次大戦末期にいたって急速に高まり出したといって良さそうである。本機の持つ高速性と優れた旋回性能と上昇力、多くの爆弾の搭載が可能な特性を生かした地上攻撃能力の高さ、さらに機体の頑丈さなど、本機は戦闘機としてばかりでなく地上攻撃機として優れた性能を持つことが再認識されたのである。

第二次大戦終結当時、アメリカ海軍の艦上攻撃機や艦上爆撃機には、グラマンTBFやカーチスSB2Cが存在したが、これらの機体に不足していたものは俊敏な飛行性能と爆弾搭載量であった。F4Uコルセアはこれらの機体より装備されている機関銃なども強力で、また爆弾やロケット弾なども多く搭載できたのである。つまり本機は制空戦闘ばかりでなく、艦船攻撃や地上攻撃にも最適な機体であると判断されたのであった。

当時新しいタイプの艦上攻撃機としてダグラスADスカイレーダーが就役直前にあったが、攻撃力が格段に強いスカイレーダーとともに、俊敏でしかも万能な攻撃に使えるコルセアを艦載攻撃機として保有することは、アメリカ海軍としては得策であったのである。

　このためにヴォートF４Uコルセアの生産は－５型、さらに－６型－７型と進化し、一九五二年頃まで続いたのであった。戦後だけでも一一〇〇機以上のコルセアが生産されたことになった。

　その一方で戦争終結後からアメリカ海軍は余剰のコルセアの友好国への供与や売却も進めていた。譲渡あるいは売却先はフランス、イギリス、ニュージーランド、アルゼンチン、ホンジュラス、エルサルバドルであった。この中で最も多くのコルセアを取得したのはフランス海軍で、その中には低空攻撃用としてエンジンを強化した－６型の攻撃機型のAU－１や－７型も含まれ、その合計は二〇〇機を超えていた。そしてこれらの機体の多くは、当時苦戦を強いられていた仏印戦争（後にベトナム戦争に発展）に送り込まれたのであった。

　またニュージーランド空軍はF４U－５を空軍戦闘機として採用し、その一部は終戦直後の一九四六年三月に、イギリス連邦軍の日本進駐の航空部隊の第一陣として日本の山口県の岩国基地に送り込んだのである。

　戦後のコルセアの活動記録の中でも特筆すべきことが二つあるが、その一つが一九五〇年に勃発した朝鮮戦争への本機の大量投入、そして一九六九年に戦われた世界最後のレシプロ戦闘機同士の空中戦であった。

　一九六九年七月十七日、中米のホンジュラス空軍のF４U－５コルセア戦闘機と、隣国のエルサルバドル空軍のノースアメリカンF51DマスタングおよびヴォートF4U－5戦闘機との間で激しい空中戦が展開されたのであった。

この戦いでホンジュラス空軍のコルセア戦闘機はエルサルバドル空軍のマスタング一機とコルセア二機を撃墜したのである。隣国同士の偶発的な小規模な戦いであったが、これは世界最後のレシプロ戦闘機同士の空中戦として記録されることになったのである。

一方の朝鮮戦争は第二次大戦後展開された最大規模の局地戦争であったが、この戦争には多数のコルセア戦闘機が投入され、本機の性能はいかんなく発揮されたが、その損害も極めて厳しい結果となったのである。

一九五〇年六月二十五日の早朝、北朝鮮陸軍の大軍団が突然、韓国内に侵攻を開始したのであった。この日から三年一ヵ月続いた朝鮮戦争の始まりである。そしてこの戦争におけるアメリカ海軍空母部隊とアメリカ海兵隊航空隊のヴォートF4Uコルセアの活躍はまさに激闘の連続であったのである。

この戦争に参加した国連軍は直接および間接参加を含め三八ヵ国に達した。犠牲となった将兵は連合軍側三二万五〇〇〇人、北朝鮮と義勇中国軍合計四三万人。犠牲になった民間人は韓国六七万七〇〇〇人、北朝鮮一〇八万六〇〇〇人に上ったのである。

連合軍側は空軍、海軍および海兵隊航空隊による大規模な地上攻撃を展開したが、投入された航空機は連合軍側が三九八〇機、北朝鮮側（義勇中国空軍を含む）は九五八機であった。

朝鮮戦争におけるＦ４Ｕ

そして互いに損害も甚大で、連合軍側の空軍と海軍を合わせた航空機戦力の損害は、事故損害も含め合計二七九六機に達したのである。この中で純粋に敵対空砲火または敵機の攻撃で撃墜され失われたアメリカ海軍航空隊と海兵隊航空隊の機体は合計五四〇機であった。そしてこの中に占めるＦ４Ｕコルセア戦闘機は、じつに六〇パーセントとなる三二八機であった。

この戦争でコルセアは海軍航空隊と海兵隊航空隊で運用された。そして海兵隊航空隊は常時二隻の大型護衛空母にそれぞれ二四機のコルセアを搭載し、陸上基地にも同機を配備していた。また海軍航空隊も常時三～四隻のエセックス級航空母艦を配置し、それぞれ多数のコルセアを搭載し地上攻撃を展開していたのであった。そしてこの戦争に投入されたコルセアの総数は八〇〇機を超えていた。

海軍や海兵隊航空隊がコルセアを重用したのは、ひとえに複雑な朝鮮半島の地形に柔軟に対応できる優れた飛行性能、そして優れた攻撃能力であった。

海軍空母部隊は本機を多数運用していた。戦争全期間を通じてのエセックス級航空母艦の標準的な艦載機の搭載内容はつぎのとおりであった。

| | |
|---|---|
| グラマンF9Fパンサー・ジェット艦上戦闘機 | 二四機 |
| ヴォートF4Uコルセア艦上戦闘攻撃機 | 四八機 |
| ダグラスADスカイレーダー艦上攻撃機 | 一二機 |
| 救難ヘリコプター | 二機 |
| 合計 | 八六機 |

またコルセア戦闘攻撃機の搭載量を増加し、激しい地上攻撃を企てた航空母艦も登場している。その実例が一九五〇年十二月から翌年四月まで続けられたコルセア主体の空母ヴァリー・フォージの搭載例である。

| | |
|---|---|
| ヴォートF4Uコルセア艦上戦闘攻撃機 | 七二機 |
| ダグラスAD艦上攻撃機 | 一二機 |

救難ヘリコプター　二機
合計八六機

この戦争ではＦ４Ｕ－６を純然たる地上攻撃機として改良したＡＵ－１も海兵隊航空隊の地上基地配置の攻撃機として運用されていた。

なお本機の地上攻撃に際し搭載した爆弾類は、各種爆弾やロケット弾、そしてナパーム弾であった。

コルセアは朝鮮戦争において特異な戦果を記録している。一九五二年にコルセア攻撃隊を数機のミグＭｉＧ15ジェット戦闘機が襲撃したが、低空戦闘に不慣れな敵パイロットはコルセアの低空での旋回性能について行けず、不覚にも一機のコルセアの射弾を浴びて撃墜されたのであった。この戦争では他にイギリス海軍の艦上戦闘機ホーカー・フュアリーがミグＭｉＧ15ジェット戦闘機と空中戦を展開し、その一機を撃墜する戦果を挙げている。それはレシプロ戦闘機がジェット戦闘機を撃墜した初めての戦果として記録されている、コルセアの事例は二番目の記録である。

コルセアは朝鮮戦争の終結を境に海軍航空隊や海兵隊航空隊から急速に退役していった。新しい強力なレシプロ攻撃機ダグラスＡＤスカイレーダー艦上攻撃機の登場であるが、艦載機のジェット化も急速に進み、優れた運動性と搭載能力を持つジェット艦上攻撃機ダグラス

A4Dスカイホークの登場は、艦上攻撃機をレシプロエンジンからジェットエンジン推進の機体へ完全に移行させたのであった。

現在、主にアメリカを中心にフライアブルな個人所有のF4Uコルセアが航空機登録されており、各地で開催されるエアショーなどで見ることが可能である。本機の独特なスタイルが航空ファンを引きつけるのであろう。

ヴォートF4Uのエースたち

F4Uコルセアは一九四三年二月から実戦に登場したが、それらはすべて海兵隊航空隊の機体として陸上基地からの運用となった。そしてこれらの機体で編成された海兵隊航空隊は、当初は苦戦した日本の戦闘機に対しても、その数を味方にして、しだいに優位に転じることになった。そして多くのコルセア・エースが誕生することになったが、それらはすべてソロモンを巡る戦いにおいてであり、その他の戦場でコルセア・エースはほとんど誕生していないのである。

それはコルセアが艦上戦闘機としてソロモン戦線以外の戦場に登場したのが遅く、しかもいずれも敵戦闘機が希薄な戦域や時期での戦闘であり、本機の任務が主に地上攻撃であったことも原因しているようである。

グレゴリー・ボーイントン海兵隊中佐

ボーイントンは陸軍大尉のときシェンノート准将指揮下の在中国アメリカ義勇空軍に入隊、中国とビルマ戦線でカーチスＰ40戦闘機を操縦し六機の日本機を撃墜している。その後一九四二年に帰国した彼は海兵隊航空隊に再入隊したが、戦闘機パイロットとしてはすでに三〇歳の最長老の存在であった。

一九四三年七月にソロモン戦線に着任し、海兵隊航空隊のヴォートＦ４Ｕ隊の指揮を執ることになった。彼らの部隊はブーゲンビル島の基地に移動すると、連日にわたりラバウル方面に対する航空攻撃を展開することになり、この間に彼は二八機の日本戦闘機を撃墜した。しかし一九四四年一月三日のラバウル方面への航空攻撃に際し、彼の乗機は日本の零式艦上戦闘機の攻撃を受け被弾、海上にパラシュート降下した。そして日本海軍の潜水艦に救助され捕虜となり、日本の収容所に送り込まれた。

終戦後釈放された彼は海兵隊大佐まで昇進し退役している。彼は海兵隊航空隊のコルセア戦闘機隊のトップエースである。

ロバート・Ｍ・ハンソン海兵隊中尉

彼は太平洋戦争勃発直後の一九四二年初めに大学を中退し海兵隊に入隊、同航空隊の戦闘機パイロットとなった。訓練を終えて一九四三年七月にソロモン戦域の海兵隊航空隊に派遣され、前記のボーイントン指揮下のコルセア部隊に着任する。

翌八月に彼は撃墜第一号を記録するが、ラバウル方面への連日の航空攻撃で撃墜記録は急速に増え始めたのである。その後、一九四四年二月三日に実施されたラバウル攻撃で、彼はラバウル上空での空中戦の後未帰還となった。日本機に撃墜されたものと判定されたのであるが、その最後は誰も見ていなかった。

彼はわずか六ヵ月の間に二五機の日本機を撃墜するというハイペースのエースであっただけに、パイロット仲間たちには、彼の急ぎ過ぎる撃墜数の増加に「そのうちに！」という不安が持たれていたのである。

昭和五十年代初めころからテレビタレント、女優として日本で活躍していたイーデス・ハンソンは彼の実の妹である。ロバートはハンソンの一九歳も年上の兄で、テレビ対談の中で彼女は、「歳の差がありすぎて兄ロバートの記憶はほとんどなかった」と語っていたことが印象的であった。

ケネス・A・ウオルシュ海兵隊大尉

彼は一九四二年に二五歳で海兵隊に入隊し戦闘機パイロットとなった。そして新編成されたコルセア戦闘機隊の一員として一九四三年二月にガダルカナル島に派遣された。そして同年八月までに二〇機の日本の戦闘機や攻撃機を撃墜し、一躍海兵隊のエースとなった。

その後一時帰国するが、一九四五年六月に沖縄線に復帰し、同じコルセア戦闘機に搭乗して戦争の最終段階の戦いに参戦した。彼は終戦までに一機の日本機を撃墜し、撃墜記録は合計二一機となった。戦後も彼は海兵隊航空隊に残り、海兵隊中佐で退役している。

# あとがき

ここで紹介した四機種の機体の開発経緯を見たとき、飛行機設計者の一つの執念を垣間見た思いがするのである。とくにリパブリックP47サンダーボルト戦闘機とヴォートF4Uコルセア艦上戦闘機にそれを強く感じるのである。

リパブリックP47戦闘機に関しては、アメリカが長い間開発を続けてきた排気タービンを戦闘機に搭載し、高性能を発揮させようとする執拗なまでの執念を感じるのである。同じくヴォートF4U艦上戦闘機に関しても、機体の特殊構造である欠点を指摘されながらも、本機の持つ優れた特性を何とか活かすべく努力をかさね、第一線用戦闘機（戦闘攻撃機）として育て上げたことに感動すらおぼえるのである。

ここで紹介した四機種の戦闘機は、第二次大戦前を含め数多く開発されたアメリカの陸海軍戦闘機の中でも、その最終的な性能と実用性は他を寄せつけない実力をもっている。

ノースアメリカンP51の優秀性はその優れた基本設計にあったのである。事実その後のエンジンの交換に際しても機体の基本形状や構造は最後までまったく変えていないのである。リパブリックP47はあくまでも戦闘機に排気タービンを搭載することに固守し、その最適構造と配置を確立させ、運用上の問題を完全に克服している。勿論そこには搭載した排気タービンの構造的、そして機能的な優秀性の保証が得られたからでもあった。

艦上戦闘機として開発されたグラマンF6FとヴォートF4Uに共通していることは、頑丈で燃えにくい構造（燃料槽の配置の工夫）である。頑丈な構造は動揺する航空母艦の飛行甲板に着艦する艦載機には必要不可欠な条件である。

被弾しにくい燃料タンクの配置は戦闘機にとっては必要不可欠な条件であるが、その配置を考案するには設計者の思い切った決断が必要なのである。例えばP47、F6Fに共通している燃料タンクの配置は、どちらの機体もそれを操縦席の下部の一ヵ所だけにして、防弾タンク構造にしていることである。この場所は空中戦で敵戦闘機の攻撃を受けた場合には最も敵弾を受けにくいところであり、また操縦席背後の防弾鋼板などにより被弾しにくいのである。さらにF4Uの場合はエンジンと操縦席の間の一ヵ所のみに燃料タンクを配置したことであった。この場所も相対的に敵の銃撃に際し敵弾を受けにくい場所であり、防弾構造とすることにより被弾に対する対策もとられていたのである。

ここで紹介した四機種の戦闘機はそれぞれに戦闘機としての特徴をいかんなく発揮した。

Ｐ51戦闘機は高速かつ長距離戦闘機としての地位を確立し、鈍重とされていたＰ47戦闘機は全高度で最高の性能を発揮し、かつ頑丈で強力な武装の特性を活かして、連合軍側の最強の戦闘攻撃機（爆撃機）としての地位を不動のものにした。

グラマンＦ６Ｆは撃墜されにくく頑丈な戦闘機として、その物量で日本航空戦力を圧倒した。当初は不遇をかこっていたヴォートＦ４Ｕは、設計陣のたゆまぬ機体改良の努力が功を奏し、不出世の艦上戦闘機としての地位を築き、レシプロ戦闘機の最後を飾るにふさわしい機体に成長した。

これら四機種の合計生産量はじつに五万五〇〇〇機に達した。この数は第二次大戦中に実戦に投入された連合軍側戦闘機の総生産量の四〇パーセントに相当するものである。この四機種の戦闘機は第二次大戦における連合軍の勝利の根幹となっていた、といっても決して過言ではないと思うのである。

NF文庫書き下ろし作品

NF文庫

WWⅡアメリカ四強戦闘機
二〇二〇年五月二十四日　第一刷発行
著　者　大内建二
発行者　皆川豪志
発行所　株式会社　潮書房光人新社
〒100-8077　東京都千代田区大手町一-七-二
電話／〇三-六二八一-九八九一代
印刷・製本　凸版印刷株式会社
定価はカバーに表示してあります
乱丁・落丁のものはお取りかえ致します。本文は中性紙を使用
ISBN978-4-7698-3165-5　C0195
http://www.kojinsha.co.jp

NF文庫

刊行のことば

第二次世界大戦の戦火が熄(や)んで五〇年――その間、小社は夥しい数の戦争の記録を渉猟し、発掘し、常に公正なる立場を貫いて書誌とし、大方の絶讃を博して今日に及ぶが、その源は、散華された世代への熱き思い入れであり、同時に、その記録を誌して平和の礎とし、後世に伝えんとするにある。

小社の出版物は、戦記、伝記、文学、エッセイ、写真集、その他、すでに一、〇〇〇点を越え、加えて戦後五〇年になんなんとするを契機として、「光人社NF（ノンフィクション）文庫」を創刊して、読者諸賢の熱烈要望におこたえする次第である。人生のバイブルとして、心弱きときの活性の糧(かて)として、散華の世代からの感動の肉声に、あなたもぜひ、耳を傾けて下さい。